一生健康的
用药必知
系列
科普丛书
14

一生健康的用药必知系列科普丛书

丛书总主编：赵　杰
名誉总主编：阚全程
副 总 主 编：王婧雯　文爱东　王海峰　李朵璐　杨　勇
组 织 编 写：中华医学会临床药学分会

科学认识保健食品——

解答您对保健食品的困惑

分册主编：卢　熠　李鹏飞　张瑞琴
副 主 编：李　坚　菅凌燕　张晓坚　翁　琰
编　　委：（以姓氏笔画为序）
王　达　王思扬　卢　熠　丛　琳　李　坚　李鹏飞　宋　方
张　征　张晓坚　张瑞琴　翁　琰　菅凌燕　董丽艳　廖美偲
审校专家：孔　娟　赵瑾怡

科学认识保健食品

解答您对保健食品的困惑

丛书总主编 • 赵杰

名誉总主编：阚全程
组 织 编 写：中华医学会临床药学分会
分 册 主 编：卢 熠　李鹏飞　张瑞琴

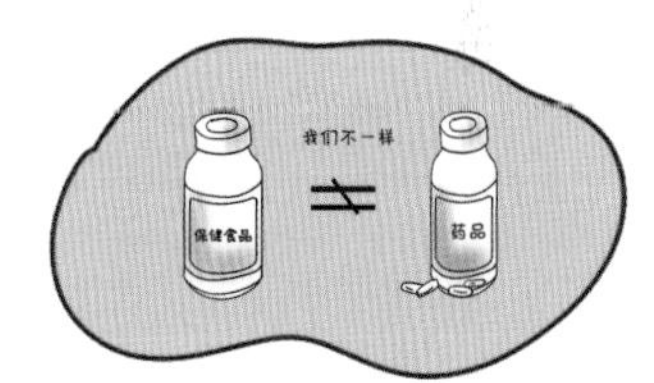

人民卫生出版社
·北 京·

阚序

药物的使用在疾病的预防、诊断、治疗中几乎贯穿始终。根据 2019 年世界卫生组织公布的数据，由用药引发的不良事件是全球导致住院死亡和伤残的重大原因之一，全球 1/10 的住院人次由药物不良事件导致，15% 的住院花费由药物不良事件产生。然而，83% 的药物不良事件是可以预防的，关键在于用药是否合理。根据调查，民众大多不了解正确的服药方法和服药原则，缺乏安全用药常识。因此，向大众传播合理用药的知识和理念，开展全民健康用药科普势在必行。

现代医学模式从传统的疾病治疗转向健康管理，健康教育变得尤为重要。党的十九大报告明确提出了“实施健康中国战略”，将“为人民群众提供全方位全周期健康服务”上升到国家战略高度。随着人们对用药安全愈加重视，用药科普宣传逐渐增多，其目的是要让民众对错误用药行为从认识上、行为上作出改变。科普看似简单，其实不然，做好科普是一项高层次、高难度、高科技含量的创造性工作。优秀的科普读物应具备权威、通俗、活泼的特征，然而，目前市售的用药科普读物普遍存在内容不严谨、语言不贴近百姓、可读性不佳、覆盖人群不全面等问题。

《一生健康的用药必知》系列科普丛书是在国家大力倡导“以治病为中心”向“以人民健康为中心”转变的背景下应运而生的，由中华医学会临床药学分会专业平台推出，组织全国各专业药学专家精心策划编写而成。全套丛书聚焦百姓用药问题，针对常见用药误区和知识盲点，把用药的风险意识传递给民众，让民众重视用药问题，树立起合理用药的理念。其内容科学实用，使读者阅读后对全生命周期的每一环，以及常见生活场景中出现的用药问题都能有所了解。这套丛书在表现形式上力求生动活泼、贴近百姓；在语言表达上力求通俗易懂、简洁明了，面向更广泛的受众，帮助民众树立健康意识。可以说，本套丛书的出版必将对促进全民健康、提高国民教育水平，产生全局性和战略性的意义。

本套丛书的撰写凝聚了所有编者的智慧和辛劳，在此向你们致以衷心的感谢和诚挚的敬意！

杨序

作为一名医务工作者，我始终关注着中国老百姓的用药安全和科普教育。我国医学科普传播与欧美发达国家相比，仍然处于相对落后状态。国家统计局 2019 年数据显示，我国公众具备基本科学素养的人数虽较之前有了大幅提升，达到了 8.47%，但仅相当于发达国家 10 年前的水平。随着生活水平的提高，民众健康意识开始觉醒，新媒体的发展也使科普工作有了更丰富、更灵活的方式。但面对漫天的“医学科普”、良莠不齐的海量信息，普通民众有时难以分辨。更有甚者，一些打着医学科普旗号的“伪科学”和受商业利益驱使的所谓“医学知识”大行其道，严重误导民众。另外，当前市面上见到的多数药学科普书籍还存在表现形式不够生动活泼、专业术语晦涩难懂等问题，让大多数读者望而生畏，使药学科普很难真正走进老百姓的生活。

今天，我欣喜地看到，由中华医学会临床药学分会倾力打造的《一生健康的用药必知》系列科普丛书，汇集了中国临床药学行业核心权威专家倾心撰写，为读者提供了值得信赖的安全合理用药知识。丛书突破了目前市面上医学科普书题材单一、语言枯燥、趣味性差等缺点，以大众用药需求为引领，站在用药者的角度，针对读者在全生命周期可能遇到的用药问题与困惑，用最通俗的语言，做最懂百姓的科普。把晦涩的医药知识变得浅显易懂、活泼轻松，让百姓可以真正掌握正确用药方法。对于中华医学会临床药学分会对我国药学科普事业所做出的努力和贡献，我深感欣慰，感谢编委会全体人员的辛勤付出，将这样一套易懂实用、绘图精良、文风活泼的药学科普图书呈现给广大读者，为百姓提供了指掌可取的药学知识。

如今，政府对科普事业高度重视、大力支持，人民群众对用药健康的关注日益迫切，可以说，《一生健康的用药必知》系列科普丛书正是承载着百姓的期望出版的。全民药学科普是一项系统工程，新一代的药学同仁重任在肩，担负着提升公众安全用药意识、普及合理用药知识的重任。为了让公众更直观地接触药学知识，提升公众合理用药的意识，新时代的药学科普工作者应努力提高科普创作能力，不断提升科普出版物的品牌影响力，更广泛地发动公众学习安全用药的知识，让药学科普普惠民生。

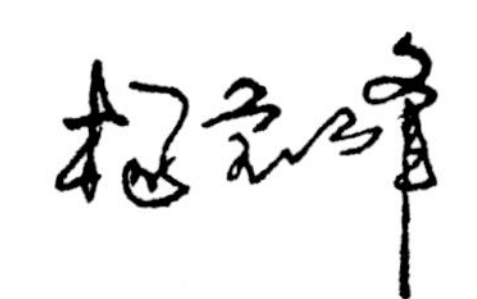

赵序

要建设世界科技强国，科技创新与科学普及具有同等重要的地位。但我国的科普现状令人担忧，一方面我国公民科学素养较发达国家偏低，同时虚假广告、“伪科学”数不胜数，严重误导民众，甚至出现“科普跑不过谣言”的局面。另一方面，现有的科普读物普遍存在专业性强、趣味性弱、老百姓接受度低的现象，最终导致我国科学普及度不高。药学科普是健康科普的重要组成，做好药学科普工作是我们这一代中国药学工作者的责任和使命。

什么样的药学科普能走进百姓心里？我想，一定是百姓需要的、生活中经常遇到的用药问题。中华医学会临床药学分会集结了全国临床药物治疗专家及一线临床药师力量编写了《一生健康的用药必知》系列科普丛书，目标是打造中国最贴近生活的药学科普，最权威的药学科普，最有用的药学科普。这套丛书以百姓需求为出发点，以患者的思维为导向，以解决百姓实际问题为目标，形成了 14 个分册，包含从胎儿、儿童、青少年、孕期、更年期直到老年的全生命周期的药学知识和面对特殊状况时的用药解决方案，其中所涉及的青少年药学科普、急救药学科普、旅行药学科普均是我国首部涉及此话题的药学科普图书。本套丛书用通俗易懂、形象有趣的方式科学讲解百姓生活中遇到的药学问题，让人人都可以参与到自身的健康管理中，可大大提升民众的科学素养。

《国务院关于实施健康中国行动的意见》中明确提出，提升健康素养是增进全民健康的前提，要根据不同人群特点有针对性地加强健康教育，要让健康知识、行为和技能成为全民普遍具备的素质和能力，并同时将“面向家庭和个人普及合理用药的知识与技能”列为主要任务之一。中华医学会作为国家一级学会，应当在合理用药科普任务中、“健康中国”的战略目标中贡献自己的力量。在此，感谢参与此系列丛书编写的所有编者，希望我们可以将药学科普这一伟大事业继续弘扬下去，提高我国国民合理用药知识与技能素养，为实现“健康中国”做出更大贡献。

前言

《科学认识保健食品——解答您对保健食品的困惑》是中华医学会临床药学分会组织编写的《一生健康的用药必知》系列科普丛书中的一册。我们通常所说的“保健品”没有明确的法律定义，一般是对人体有保健功效的产品的泛称，如保健食品、器械、理疗仪等。保健食品具有明确的法律定义，根据我国《食品安全国家标准 保健食品》(GB 16740—2014)，保健食品是指声称具有保健功能或者以补充维生素、矿物质等营养物质为目的的食品。即适用于特定人群食用，具有调节机体功能，不以治疗疾病为目的，并且对人体不产生任何急性、亚急性或慢性危害的食品。

随着社会进步和经济发展，生活水平不断提高以及疾病谱的变化，人们的医疗观念已由病后治疗型向预防保健型转变，健康保健意识逐渐增强，保健食品的需求量逐渐增加。但随着保健食品产业的发展，保健食品的功效宣传呈现出“夸大化”和“趋同化”的特点，保健食品五花八门，鱼龙混杂。消费者对保健食品的“真伪优劣”难以辨别。

为此，我们组织编写了本册科普书，旨在帮助读者纠正对保健食品的认识误区，普及生活中常见保健食品的相关知识，使读者可以全面、科学地认识保健食品，合理应用保健食品。本书共包括两篇，分别为误区篇和功能保健篇，共计 20 篇文章，解答了百姓对于保健食品的常见困惑，具有科学性、通俗性及实用性的特点。

第一篇误区篇，主要总结了百姓对保健食品存在的常见误区，对这些误区问题进行梳理、解答，使百姓可以正确、科学地认识保健食品，全面了解保健食品在日常生活中的作用。

第二篇功能保健篇，主要讲解了当前生活中常见保健食品的类型、功效作用、适宜人群、注意事项等相关知识，将百姓对各种保健食品的知识盲点进行梳理，将滥用保健食品可能出现的风险意识传递给读者，使读者重视保健食品的合理应用，提高自我保护意识，避免盲目应用。

本册科普书的创新之处在于，从药师的角度向大众科普了保健食品的相关知识，包括保健食品的常见误区以及常见保健食品的选购、适用人群、使用注意事项等问题，内容上客观科学，表达上通俗易懂，希望读者通过本册图书的阅读，可以对保健食品有更科学的认识，树立起合理应用保健食品的健康意识。

编者

2023 年 2 月

第一篇

误区篇

第二篇

功能保健篇

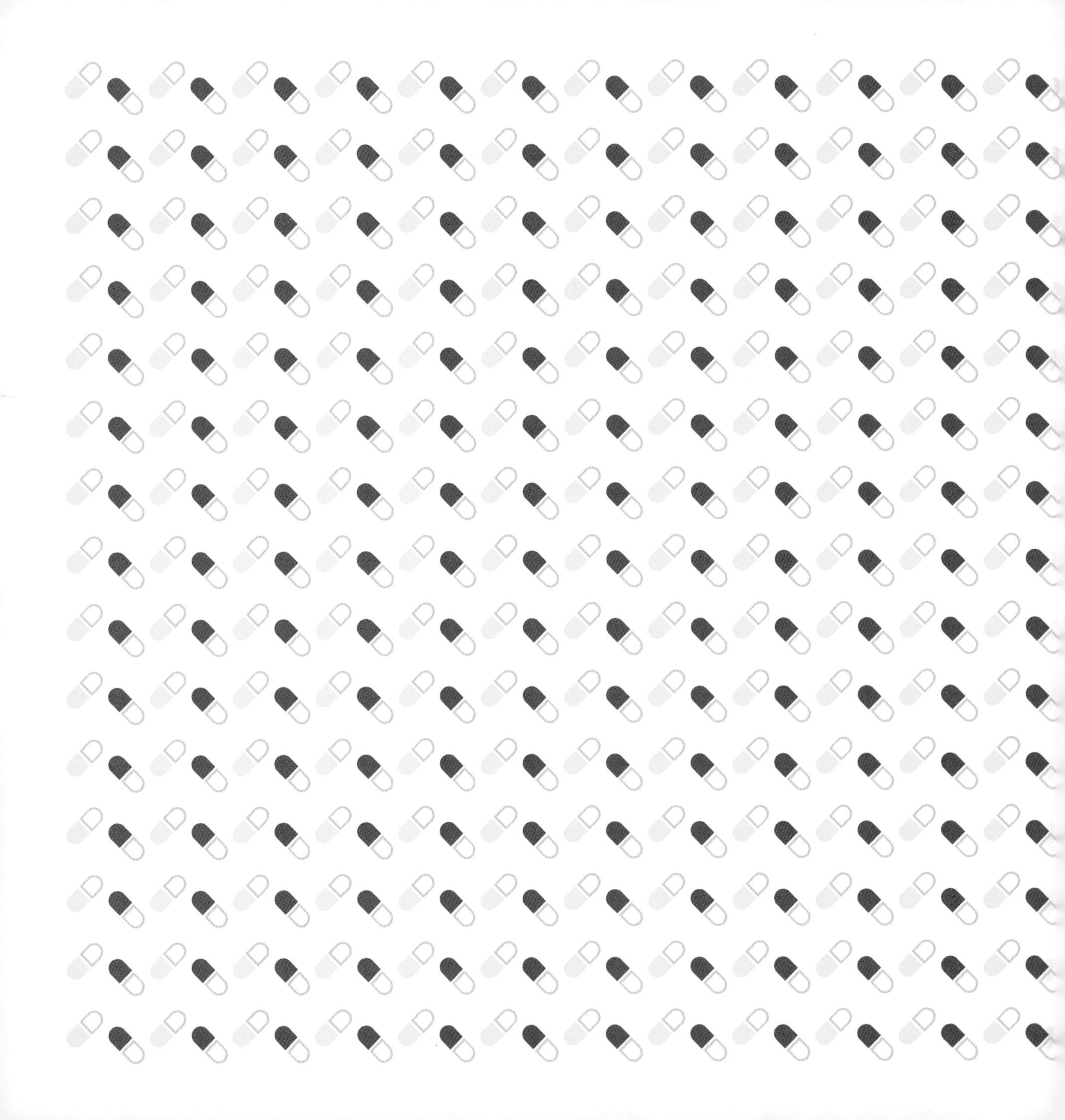

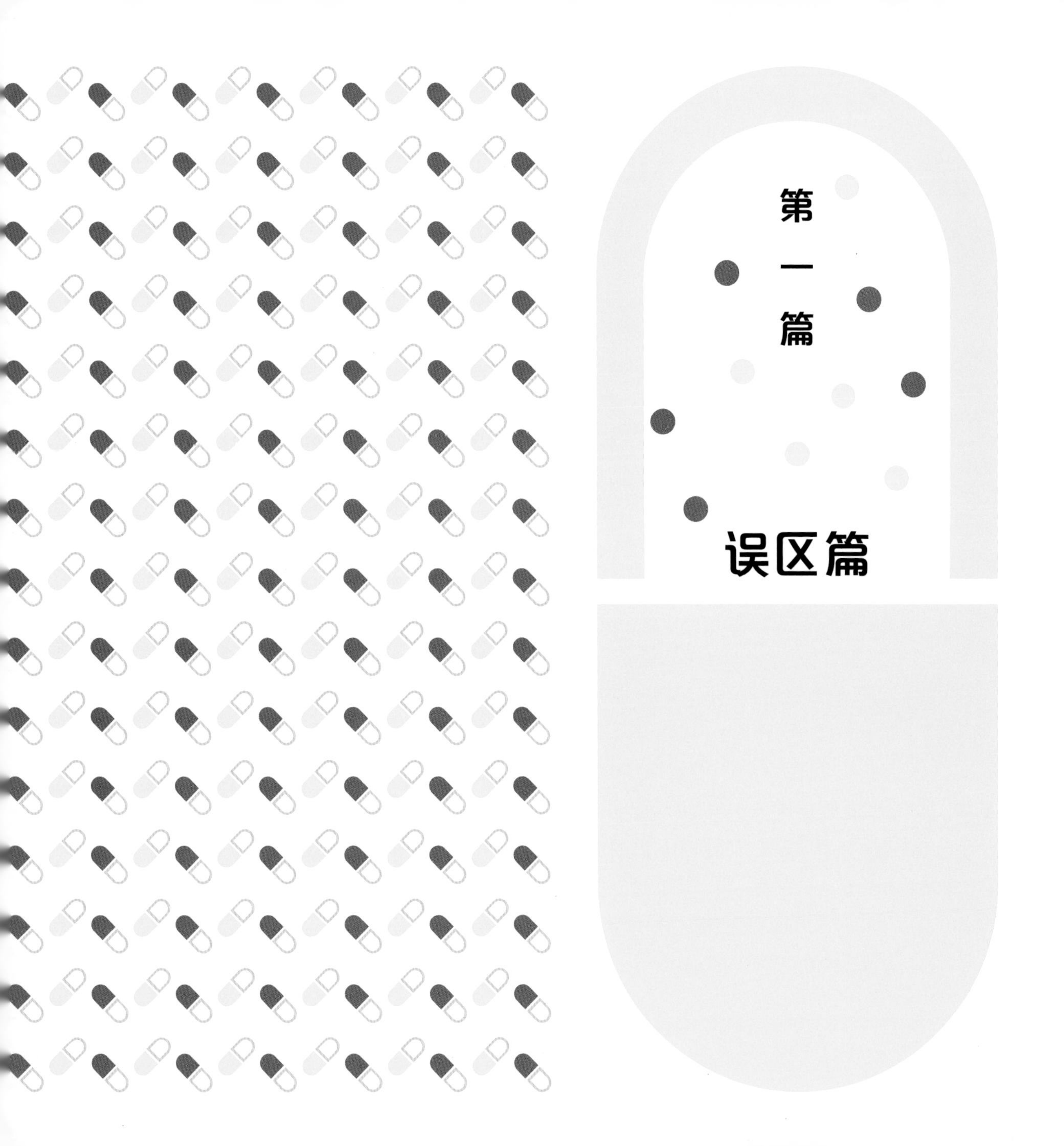

第一篇

误区篇

1.1

误区 1 保健食品能治病

保健食品不能直接用于治病，它只能起到调理身体、补充营养等作用。根据我国《食品安全国家标准 保健食品》（GB 16740—2014），保健食品是指声称具有保健功能或者以补充维生素、矿物质等营养物质为目的的食品。即适用于特定人群食用，具有调节机体功能，不以治疗疾病为目的，并且对人体不产生任何急性、亚急性或慢性危害的食品。

一、保健食品与药品的区别是什么？

保健食品，其实是一种适用于特定人群食用的特殊“食品”。

药品，是指用于预防、治疗、诊断人的疾病，有目的地调节人的生理功能并规定有适应证或者功能主治、用法和用量的物质。

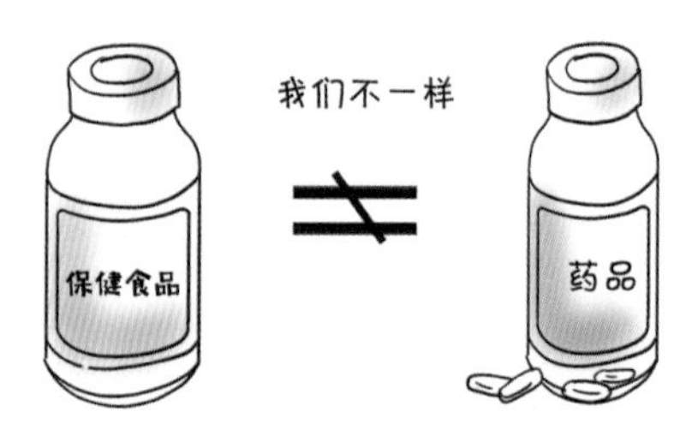

人们之所以将保健食品与药品混为一谈，其实是混淆了“保健”与“治疗”的概念。通俗来讲，药品是以治疗为目的，是用于治疗疾病的。保健食品只是起到辅助调节作用，不能以治疗疾病为目的，只是一种人体功能调节剂、营养补充剂。保健食品和药品的区别详见下表。

内容	保健食品	药品
使用目的	调节人体某种功能，不能治疗疾病	预防、治疗或诊断疾病
毒副作用	不明确	有不良反应
长期服用	规定剂量下，可以长期食用	一般不能长期服用
人群	特定适宜人群	有疾病症状的人群
形态	可以是食品形态	片剂、丸剂、胶囊等
使用方法	仅可口服	多种途径，如口服、吸入、注射、外用等
原辅料种类	部分药用原辅料、食品级原辅料	药用原辅料
购买要求	可以自行购买	凭医生处方购买处方药或可以自行购买非处方药
批准文号不同	国食健注（字）或食健备	国药准字

因此，我们在购买保健食品时一定要保持清醒的头脑，**保健食品不是药品，不能替代药品！**若明确疾病诊断，一定要及时就医用药，切勿延误病情。

二、保健食品有自己专门的标识和“身份证”

1. 认准“蓝帽子”

我们购买的正规国产保健食品外包装上都有保健食品特有的标志——“蓝帽子”。如下图所示：

图标上半部分是像帽子一样的天蓝色图案，图标下半部分有“保健食品”字样。如果您购买的“保健食品”没有“蓝帽子”，那么有可能是食品、药品，也有可能是假冒伪劣产品。

2. 识别“身份证”

保健食品也有“身份证”，就是批准文号，就在保健食品标识“蓝帽子”的下方。当然，每个保健食品的批准文号也是唯一的。

（1）“身份证”的格式

由于我国的保健食品有注册和备案两种方式，所以批准文号也有两种形式。

国产注册号：国食健字 G + 4 位年代号 + 4 位顺序号（2005—2016 年注册）

国食健注 G + 4 位年代号 + 4 位顺序号（2016 年后注册）

进口注册号：国食健字 J + 4 位年代号 + 4 位顺序号（2005—2016 年注册）

国食健注 J + 4 位年代号 + 4 位顺序号（2016 年后注册）

国产备案号：食健备 G + 4 位年代号 + 2 位省级行政区域代码 + 6 位顺序编号

进口备案号：食健备 J + 4 位年代号 + 00 + 6 位顺序编号

G 或 J 后面的阿拉伯数字，就是该产品的“批准文号”，相当于产品的“身份证号码”。

（2）“身份证”的查询方法

我们可以通过国家市场监督管理总局等官方网站来辨别保健食品的真假。比如，通过输入保健食品的产品名称、批准文号（也就是“身份证”）等信息来查询我们购买的保健食品是否经过了国家批准、是否盗用了其他合法产品的批准文号等。

保健食品“身份证”的查询方法：登录国家市场监督管理总局的官方网站 http://www.samr.gov.cn/ →服务→我要查→特殊食品信息查询→保健食品注册 / 备案，即可查询。

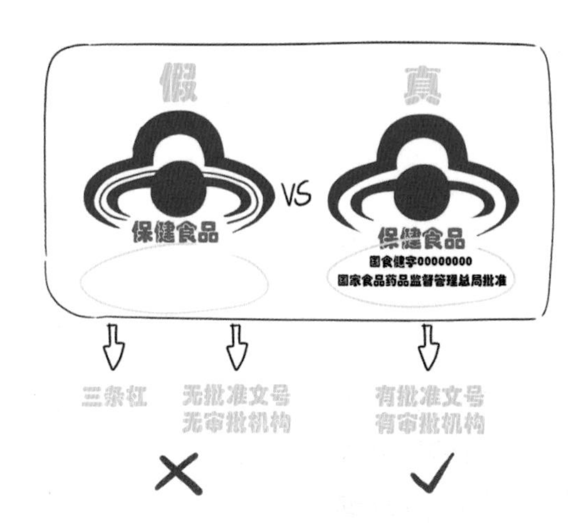

三、认识保健食品的标签和说明书

保健食品的标签包括主要展示版面和信息版面。主要展示版面的内容包含保健食品标志、产品名称、注册号或者备案号、产品规格和净

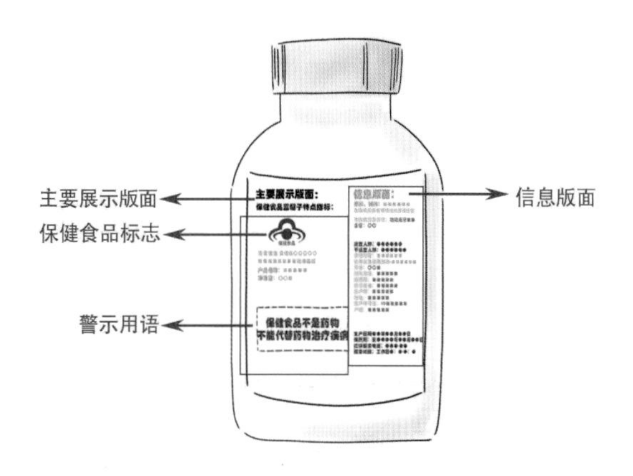

含量等内容；信息版面包含原料、辅料、功效成分或者标志性成分及含量、适宜人群、不适宜人群、保健功能、食用量及食用方法、规格、贮藏方法、保质期、注意事项、生产企业名称、地址、生产许可证编号、投诉服务电话等信息。

保健食品的说明书应当包括产品名称、原料、辅料、功效成分或者标志性成分及含量、适宜人群、不适宜人群、保健功能、食用量及食用方法、规格、贮藏方法、保质期、注意事项等内容。

国家市场监督管理总局规定：保健食品的标签、说明书主要内容不得涉及疾病预防、治疗功能，并要声明“本品不能代替药物”。

山西医科大学第二医院：张瑞琴、王思扬

1.2

误区 2 保健食品能代替日常饮食

现如今，快节奏的生活使很多忙于工作的人没有办法做到按时三餐、营养均衡，更没办法做到餐餐有蔬菜、水果。因此，很多人寄希望于通过保健食品中的某种维生素或保健成分来代替日常饮食中的营养成分，但这样做的危害是很大的。因为保健食品不等同于食品，也不能代替日常饮食，均衡膳食和健康的生活方式才是维护健康的法宝。

一、保健食品与食品的区别是什么?

根据《中华人民共和国食品安全法》，食品指各种供人食用或者饮用的成品和原料以及按照传统既是食品又是中药材的物品，但是不包括以治疗为目的的物品。也就是说，食品是日常生活中可供我们饮食的物质，主要为人体提供营养成分，是我们获取营养最重要的途径，它没有什么特别的作用，只是为了满足人体的正常需要。

保健食品属于食品的一种，是一种“特殊食品”。很多保健食品是从食物中提炼的某一种或多种营养物质，对人体有特定的保健功能。

普通食品和保健食品二者相比较，普通食品营养成分丰富、比例均衡，安全性高，是人人都需要吃的东西。保健食品营养成分较单一，不能满足人体对各类营养素的需要，而且保健食品有规定的用量和特定的适宜人群，并不是老少皆宜。所以，保健食品只能用于在短时间内弥补某种供应不足的营养物质，但不能替代人体正常的饮食摄入，更不可能实现健康饮食给人体带来的长期好处。切记：**不论服用何种保健食品，仍然要坚持正常饮食。**

保健食品和普通食品的区别详见下表。

功能	保健食品	普通食品
使用目的	调节人体某种功能	提供身体所需的营养成分
使用量	规定用量	一般没有用量要求
人群	特定适宜人群	任何人

二、保健食品的适宜人群有哪些?

保健食品是有适宜人群的，并不是每个人都需要。只有对于不能保证天天都能合理饮食，饮食质量差、不能保证食材多样的亚健康人群，或是一些咀嚼能力、消化能力下降的中老年人群，或者患有疾病、处于孕期或哺乳期的人群，可能会出现某些微量元素的摄入不足，才可以酌情通过保健食品来补充营养素。

不同人群适宜的保健功能见下表：

适宜人群	保健功能
中老年人	增强免疫力 增加骨密度 抗氧化 辅助改善记忆力
“三高”人群	辅助降血脂 辅助降血压 辅助降血糖
胃肠功能失调人群	促进消化 调节肠道菌群 通便 对胃黏膜起到辅助保护功能
亚健康人群	改善睡眠 缓解体力疲劳 缓解视疲劳
皮肤问题人群	改善皮肤油分 改善皮肤水分
肥胖人群	减肥
咽部不适者	清咽
接触特殊环境者	对辐射危害起到辅助保护功能 促进排铅
哺乳期妇女	促进泌乳
生长发育不良的少年儿童	改善生长发育

三、特殊人群需谨慎服用保健食品

每种保健食品都有它的适宜人群和不适宜人群。一些特殊人群，比如儿童、孕妇、哺乳期妇女以及肝肾功能不全的人群等，一定要看好标签和说明书之后再服用保健食品。儿童正处于生长发育的关键期，很多器官功能不完善，如大量使用一些进补类保健食品有可能会影响中枢神经系统、引起性早熟等；孕妇误用含有具有活血化瘀作用成分的保健食品，比如红花或者红曲，可能会引起流产或者出现失血过多的现象；哺乳期间服用保健食品，其成分可能会通过乳汁分泌传递给宝宝，从而影响孩子的生长发育；保健食品的代谢或排泄大多需要经过肝肾，肝肾功能不全的人群如果随意使用保健食品，很可能会加重肝肾负担，严重的会引起肝肾损伤。所以，患有肝肾疾病的患者一定要在医生的指导下合理选择和使用保健食品。

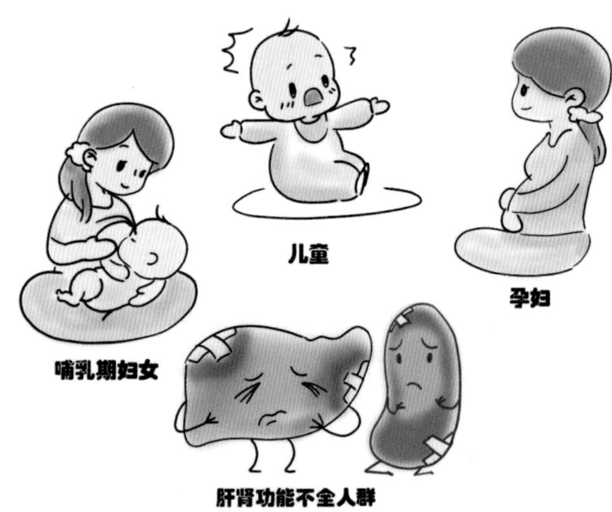

对于没有生病的健康人，合理均衡的饮食结构加上适当的运动休息，形成健康的生活方式，才是获得健康最好的方法。

首都医科大学附属北京朝阳医院：李鹏飞、张征

1.3

误区 3 保健食品安全，没有副作用

“保健食品不是药，安全无副作用，可以长期服用。”

这种想法其实是一种误解，绝对安全的保健食品并不存在。保健食品要按照标签说明书的要求量进行服用，如果长期摄入过多，也会产生一系列的副作用，甚至中毒。举个例子，保健食品中最常见的产品就是维生素类补充剂，我们都知道维生素是人体必需的物质，但是由于每个人的年龄、性别、饮食习惯、身体状况不同，是否需要额外补充维生素、需要补充哪种维生素、需要补充多少剂量的维生素可能都会因人而异。即使是安全性较高的维生素 C，如果自身并不缺乏，或者补充一段时间后已补足，此时继续服用可能会过量，产生腹泻、胃酸过多、胃液反流等副作用。所以说每种保健食品都有规定的服用剂量，不是说补充得越多越好，服用时间越长越好。

一、保健食品也可能产生副作用

选用保健食品时，首先要选择适合自己的保健食品，其次要掌握正确的补充剂量，不可过量补充，否则不仅达不到养生保健的目的，还有可能产生副作用。例如：过量补充维生素 A，会导致体内维生素 A 蓄积中毒，可能引起恶心、脱发、皮肤干燥脱屑等副作用；钙、铁、

锌制剂会刺激胃肠道，服用过量会使腹泻、便秘等副作用的发生风险增加；患有消化道出血、凝血功能障碍等疾病，或者具有出血倾向的患者，服用纳豆激酶来保护心血管，有可能会引起出血的副作用。所以，一定要选择适合自己的保健食品，并且按照说明书正确服用，不可过量，当无法自行判断时，可咨询医生或药师。

过犹不及

二、多种保健食品同时服用不安全

有些年轻女性为了美容养颜、延缓衰老，喜欢服用多种含胶原蛋白、抗氧化成分的保健食品。其实，这类保健食品中有些添加了雌激素，同时服用多种此类保健食品，可能会造成雌激素或其他成分摄入过多。长此以往，这些含有雌激素的美容保健食品会打乱人体正常的激素代谢，导致体内雌激素过剩，刺激子宫肌瘤、卵巢囊肿等妇科病以及乳腺疾病的发生。另外，儿童的肝肾功能发育不完全、老年人随着年龄增长会出现肝肾功能的衰退，对于这两类人群，长期同时服用多种保健食品可能增加肝肾负担，造成肝肾功能损伤，严重者甚至可出现肝肾器官的中毒和衰竭。

三、保健食品与药物同服需注意相互作用

对于老年人来说，随着年龄的增长，各器官功能逐渐衰退，免疫功能下降，基础病较多，会长期服用一些药物，因此，在服用保健食品时要注意与药物的相互作用。比如：我们知道鱼油有利于预防和缓解心脑血管疾病，但是在使用华法林、阿司匹林等西药期间使用鱼油，会增大患者的出血风险。保健食品中如果含有银杏成分，和某些止痛药合用还可能引起脑出血，与利尿剂合用会使血压上升。含维生素 E

的保健食品也不宜与阿司匹林同服，否则可能增加出血风险。有过敏性疾病如鼻炎、湿疹的患者在吃蛋白粉时要注意，蛋白粉能影响抗过敏药的疗效，要注意控制蛋白质的摄入。在服用降压药或降糖药期间，如果同时服用一些辅助降压或降糖的保健食品，可能会导致患者血压或血糖发生变化。因此，对于心血管功能、肝脏功能、肾脏功能等方面有问题的人群要注意，最好询问医生之后再服用保健食品。在服用期间应注意身体变化，一旦身体出现任何不适应及时就医。

保健食品	药品	合用的风险
鱼油	华法林、阿司匹林	增加出血风险
含银杏成分的保健食品	某些止痛药	增加出血风险
	某些利尿剂	血压上升
含维生素 E 成分的保健食品	阿司匹林	增加出血风险
蛋白粉	抗过敏药	影响过敏药疗效

为了保证安全，我们在服用保健食品时，一定要科学、合理。最好先去正规的医院进行健康评估和检测，再根据身体实际情况有针对性地服用保健食品，这样既能满足自身营养所需，又不会因为服用过量给身体带来负担。

沈阳医学院附属第二医院：卢熠、董丽艳

1.4

误区 4
保健食品越贵越好

保健食品的价格一向“雾里看花”，让人摸不着头脑。有些消费者想通过使用保健食品达到预防疾病、增强体质的目的，但是市场上琳琅满目的保健食品，多的让人挑花了眼，比如维生素片，上到成百上千块钱，下到几块钱，有时小小一瓶维生素片，价格竟能相差十几倍。其实，所谓“便宜没好货，好货不便宜”的说法并不适用于保健食品。保健食品不是越贵越好。

一、影响保健食品价格的因素

1. 生产成本

保健食品是一种特殊食品，是按照食品标准执行的。从生产成本上来说，有些保健食品从研发到生产确实也要花费不小的费用，以维生素 C 为例，价格低的大多数是人工合成的，价格高的大多数是天然提取的，由于天然提取的维生素 C 生产成本高，价格自然也高。还有一些保健食品由于添加了一定量的调味剂，使保健食品无论在口感上还是气味上都能符合大众的需求。比如：有些适用于儿童的钙片做成糖果口味的或软糖口感的，便于儿童食用。这些辅料的加入无形中提高了价格。

2. 市场需求

保健食品的价格完全根据市场环境由生产企业自主定价，而不是政府定价。有些消费者购买保健食品是为了自身需求，而有一些消费者把保健食品作为礼品送给亲戚朋友，买的是一种孝心、一种祝福。由于市场需求不同，市场上的保健食品有相对实惠的产品，也有满足品质消费需求的高端产品。而且，保健食品在销售过程中必然存在营销环节，在产品包装、推销、宣传方面投入成本，因此价格随之上涨。

3. 价格虚高

当然，不可否认的是，有些保健食品的确存在价格虚高的现象。有些无良商家不把重点放在保健食品本身的品质上，而是采用欺骗的手段生产劣质、虚假甚至有害的产品。某些产品成本只有几块钱，保健食品商家却通过抓住人们怕生病、想健康长寿的心理，故意夸大效果，哄抬价格，又以打折促销为噱头，诱骗消费者上当。甚至很多保健食品的推销人员自身都不是很了解所销售的保健食品到底有没有效，只是通过对保健食品的夸大宣传达成最终销售。从生产商、代理商到经销商，层层加价，形成了一套完整的营销模式，抬高价格，牟取暴利。

二、如何评价保健食品的好坏?

保健食品的好坏不能通过价格来评价，只有适合自己的才是最好的。以维生素补充剂为例，我们需要关注的是我们实际需要补充哪一种维生素？它的含量是否符合我们的要求? 有些维生素类保健食品，它们之间的价格差异是因为某种维生素的含量不同所导致，或者因为不是单一维生素，而是复合维生素所导致。所以当我们缺乏某一种维生素时，就补充单一维生素即可，选择贵的复合维生素，一方面可能使所缺的某种维生素含量补充不足，另一方面可能会造成其他维生素补充过量。这时即使品牌再大，品质再高，都不建议选用此种产品。

三、如何挑选保健食品?

√ **遵从专业人士指导。**购买保健食品不要跟风，不要盲目，最好在充分了解自己的身体状况后，在医生、药师或营养师的指导下购买使用，这样才能最大程度发挥保健作用，规避风险。

√ **通过正规途径购买。**购买时需要在正规、有营业资质的实体或网上店铺购买，切忌通过非法的传销、电话、会议销售等途径购买。购买时要索要正规发票或购买凭证。

√ **认准产品标识。**国内销售以及正规原装进口的保健食品都有国家市场监督管理总局批准的保健食品认证——“蓝帽子”标识以及保健食品批号。因此，在购买前要确认是否有“蓝帽子”标识和批号，同时要注意被批准的保健功能。一旦出现宣传疗效的产品均为违法，不要相信。

只有科学看待保健食品，结合自身需求合理地购买、服用，才能找到适合自己的保健食品。

郑州大学第一附属医院：张晓坚
沈阳医学院附属第二医院：王达

1.5

误区 5
迷信广告宣传

随着生活水平的提高，人们的保健养生意识越来越强，保健食品行业迅猛发展，保健产品琳琅满目，行业乱象频频发生。有些消费者盲目相信电视、网络媒体介绍的贴有“治病”“高科技产品”“获得国家专利”等标签的保健食品，有些消费者喜欢购买“大师”“名医”“中医传人”推销的“特效药”，而这些产品往往涉嫌虚假宣传，商家利用消费者缺乏专业知识和分辨能力，诱惑其冲动购买，最终导致消费者上当受骗。因此，消费者只有学会识别保健食品宣传的真伪，才能避免上当，减少损失。

一、保健食品具有 27 类保健功能

保健食品具有一定的保健效果，能够调节人体的某些功能。但是保健食品的保健功能也不是无限的，经国家市场监督管理总局依法批准注册的保健食品允许声称的保健功能仅有 27 类：①增强免疫力；②辅助降血脂；③辅助降血糖；④抗氧化；⑤辅助改善记忆力；⑥缓解视疲劳；⑦促进排铅；⑧清咽；⑨辅助降血压；⑩改善睡眠；⑪促进泌乳；⑫缓解体力疲劳；⑬提高缺氧耐受力；⑭对辐射危害有辅助保护功能；⑮减肥；⑯改善生长发育；⑰增加骨密度；⑱改善营养性贫血；⑲对化学性肝损伤有辅助保护功能；⑳祛痤疮；㉑祛黄褐斑；㉒改善皮肤水分；㉓改善皮肤油分；㉔调节肠道菌群；㉕促进消化；㉖通便；㉗对胃黏膜损伤有辅助保护功能。

除以上外，依法备案的保健食品也允许声称的保健功能还有补充维生素、矿物质。也就是说，保健食品只是起到辅助调节作用，除了补充维生素、矿物质和以上 27 项功能外，其他夸大保健食品的宣传功能都是不合法的！

二、常见的保健食品虚假宣传表述

保健食品的虚假宣传也有识别要点，只要在产品说明或介绍中有宣称治疗疾病、渲染疗效等字眼的，都可以归为虚假宣传。

常见的商家虚假宣传表述见下表：

序号	允许声称的保健功能	常见的商家虚假宣传表述
1	增强免疫力	防癌，抗癌，对放化疗有辅助作用等
2	辅助降血脂	抗动脉粥样硬化，保护心肌细胞，减肥，防止血液凝固，预防脑出血、脑血栓，预防阿尔茨海默病，降低血液黏度，促进血液循环及消除疲劳等
3	辅助降血糖	可以替代胰岛素等降糖类药物，预防或治疗糖尿病等
4	抗氧化	治疗肿瘤，预防和治疗心脑血管等疾病，预防阿尔茨海默病，治疗白内障，延年益寿等
5	辅助改善记忆力	提高智力，提高学习专注力，提高考试成绩，缓解脑力疲劳、头昏头晕，预防阿尔茨海默病等
6	缓解视疲劳	治疗近视，预防和治疗白内障、青光眼等
7	促进排铅	吸附并排除各种对人体有害的毒素，如铵盐、重金属等，调节体内酸碱度，恢复身体功能，对抗自由基侵害，排毒养颜等
8	清咽	辅助戒烟，抗雾霾，缓解烟毒、霾毒，对疾病引起的咽喉肿痛有治疗效果、治疗慢性咽炎等

续表

序号	允许声称的保健功能	常见的商家虚假宣传表述
9	辅助降血压	治疗高血压，抗血栓，预防改善阿尔茨海默病等
10	改善睡眠	缓解大脑衰老、神经损害，可替代安眠药让人快速入睡，保持皮肤光泽等
11	促进泌乳	治疗乳房胀痛、炎症等
12	缓解体力疲劳	提高记忆力或学习专注力，提高性功能，预防因疾病引起的身体疲劳，改善或缓解脑力疲劳等
13	提高缺氧耐受力	可缓解因心脑血管系统障碍或呼吸系统障碍导致的供氧不足，治疗脑缺氧，治疗运动缺氧，补氧等
14	对辐射危害有辅助保护功能	治疗因辐射造成的损伤，抗手机、电脑等电磁辐射等
15	减肥	无须保持健康合理膳食和运动等规律生活习惯，可达到快速减脂、减体重、塑形效果，体重不反弹，预防便秘，可完全替代正常饮食等
16	改善生长发育	增高，改善食欲，促进二次发育，改善记忆力等
17	增加骨密度	增高，促进骨骼生长，治疗骨损伤，增强身体强度等
18	改善营养性贫血	调节内分泌失调，养颜美容等
19	对化学性肝损伤有辅助保护功能	治疗化学性肝损伤，酒前、酒后服用解酒，治疗脂肪肝、肝硬化等

续表

序号	允许声称的保健功能	常见的商家虚假宣传表述
20	祛痤疮	修护受损肌肤，清除黑头，预防长痘，改善各种面部肌肤问题等
21	祛黄褐斑	可根除黄褐斑，提高肌肤自身养护能力，有效抑制并淡化黑色素等
22 23	改善皮肤水分 / 油分	抗皮肤衰老、暗黄、色斑，延缓衰老，抑制黑色素等
24	调节肠道菌群	治疗肠道功能紊乱，治疗便秘、腹泻，增强免疫力等
25	促进消化	治疗胃胀、胃痛等
26	通便	治疗便秘等
27	对胃黏膜损伤有辅助保护功能	治疗胃部疾病，对所有程度的胃黏膜损伤均有保护功能，酒前、酒后服用解酒等

三、哪种保健食品不能购买?

购买保健食品，记住这两步。

第一步：辨广告，辨宣传

√ 凡是声称可预防、治疗疾病的，一律不要买。

√ 凡是广告中未声明“本品不能代替药物”的，一律不要买。

√ 凡是通过知识讲座、专家坐诊等手段销售的保健食品，一律不要买。

第二步：看包装，查说明书

√ 凡是标签上没有食品生产许可证号的预包装保健食品，一律不要买。

√ 凡是标签或说明书中提及可以预防疾病、有治疗功能的产品，一律不要买。

√ 凡是标签上没有保健食品标识、批准文号，但声称是保健食品的，一律不要买。

√ 凡是无厂名、厂址、生产日期和保质期的产品，一律不要买。

中国医科大学附属盛京医院：菅凌燕
沈阳医学院附属第二医院：丛　琳

1.6

误区 6
同一名称的保健食品和药品没区别

市面上经常会看到含钙、氨基葡萄糖、维生素 C、维生素 D_3 等成分的产品，既有保健食品，又有药品。其实，同一名称的保健食品和药品是有区别的。除了本书“1.1　误区 1：保健食品能治病”提到的不同外，还有以下区别：

一、区别一：药品质量要求更高

药品不论是在生产还是经营上的监管都要比保健食品更加严格。药品的生产及其配方的组成需要进行严格的实验研究，还要进行动物实验、临床试验等。而且药品生产过程中的质量控制要求也很高，必须在制药厂生产，并且空气清洁度、无菌标准、原料质量等都必须达到《药品生产质量管理规范》（GMP）标准。

保健食品上市前的研究主要集中在工艺、质量标准等方面，其功能性及安全性的研究大多是通过文献进行的，无须进行临床试验，因此我们会发现市面上同一名称的产品，保健食品的剂量、配方组成更加多样化，药品则较单一化。而且保健食品可以在食品厂生产，生产过程遵循食品生产质量标准，质量标准比药品要低。

由于药品的质量管理更有保障，因此一旦身体出现疾病症状，一定要及时就医，严格遵循医嘱使用药品，切勿盲目选择保健食品改善疾病状态。当然，若是因为营养摄入不均衡，想要改善营养状态，选择适宜正规的保健食品也是可以的。

二、区别二：保健食品规格更多样

和药品相比，保健食品的规格更多样。比如含维生素 D_3 的产品，药品中维生素 D_3 滴剂仅有每粒 400IU 及 800IU 两种规格，而保健食品则有 360IU、400IU、480IU、500IU、600IU 等多种规格。此外，保健食品与药品的配方组成也有一定区别，如某企业生产的多种维生素药品含有 29 种营养素，而其生产的维生素保健食品含有 17 种、18 种、22 种营养素等不同组成供消费者选择。消费者应根据自身的实际需要选择合适的产品，不要盲目听信广告宣传。

三、区别三：保健食品外形及口感更丰富

保健食品的使用方法只有口服，除了有与药品相似的片剂、胶囊剂、颗粒剂、口服液等产品形态外，也有像酒、茶、糖果等普通食品形态的产品，消费者心理上更容易接受。与药品相比，保健食品在口味上也是多样的，口感上会优于药品。如婴幼儿、咀嚼困难的老年人可选择溶液剂或者颗粒剂；儿童、孕吐反应明显的孕妇以及不喜欢苦味、酸味等味道的人群，可以选择橙子、草莓、牛奶等味道的产品。当然，有些保健食品由于在外形及口感上迎合了大众心理，价格上会更贵一些。

四、区别四：保健食品和药品购买渠道不同

保健食品通常可以在社会药店、超市或食品店中购买；药品需要在医院和社会药店中购买。而与保健食品有同一名称的药品有可能是处方药或非处方药，如果是非处方药，可根据需要自行选购；如果是处方药，必须在医师的指导下使用。

总之，同一名称的保健食品与药品，虽有共同点，但不能完全相互替代，可综合考虑个人的身体健康状况、医生医嘱、有效成分含量、口感口味及价格等方面进行选择。

需要强调的是：保健食品不是药物，不能代替药物治疗疾病。

沈阳医学院附属第二医院：宋方、李坚

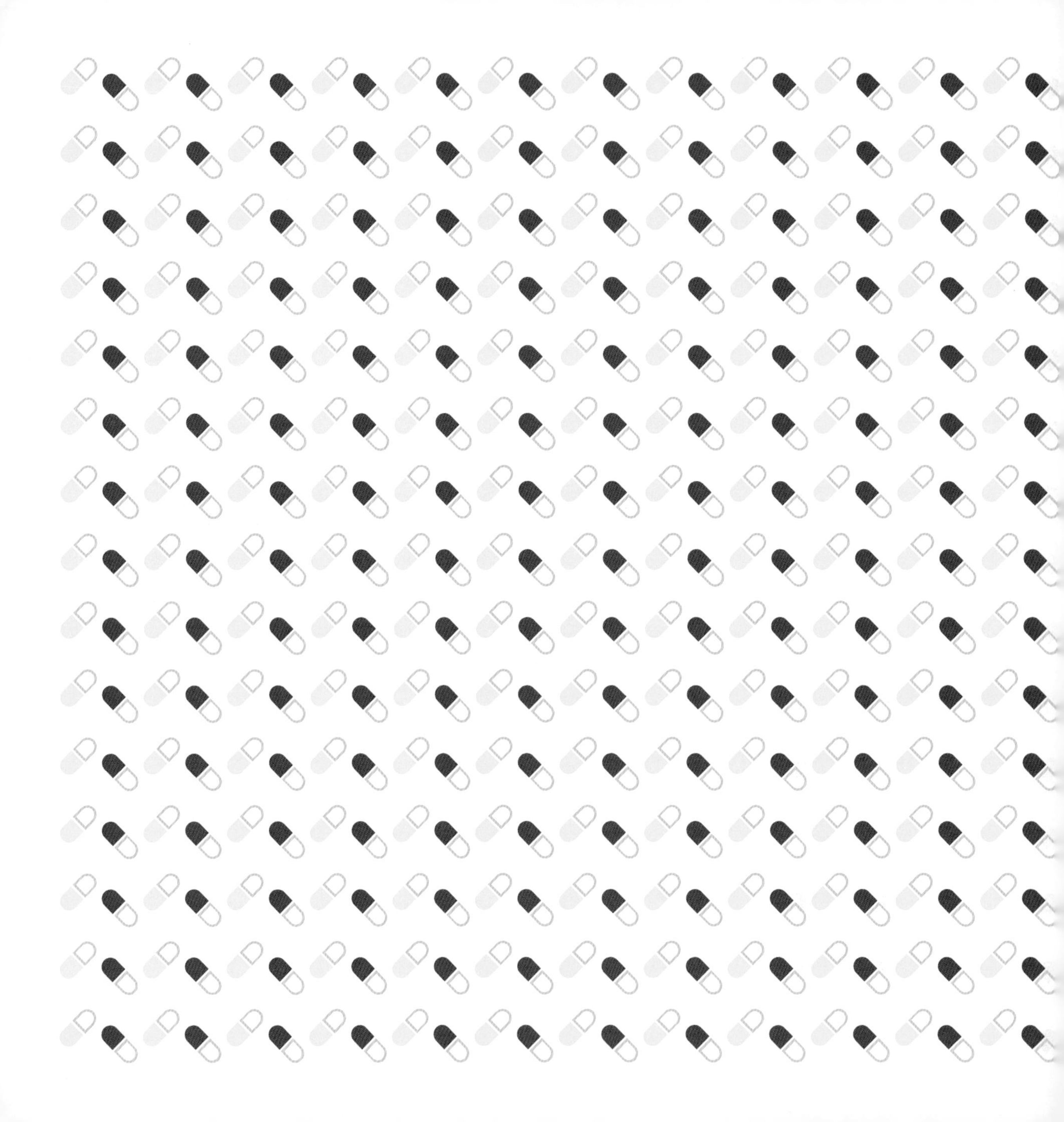

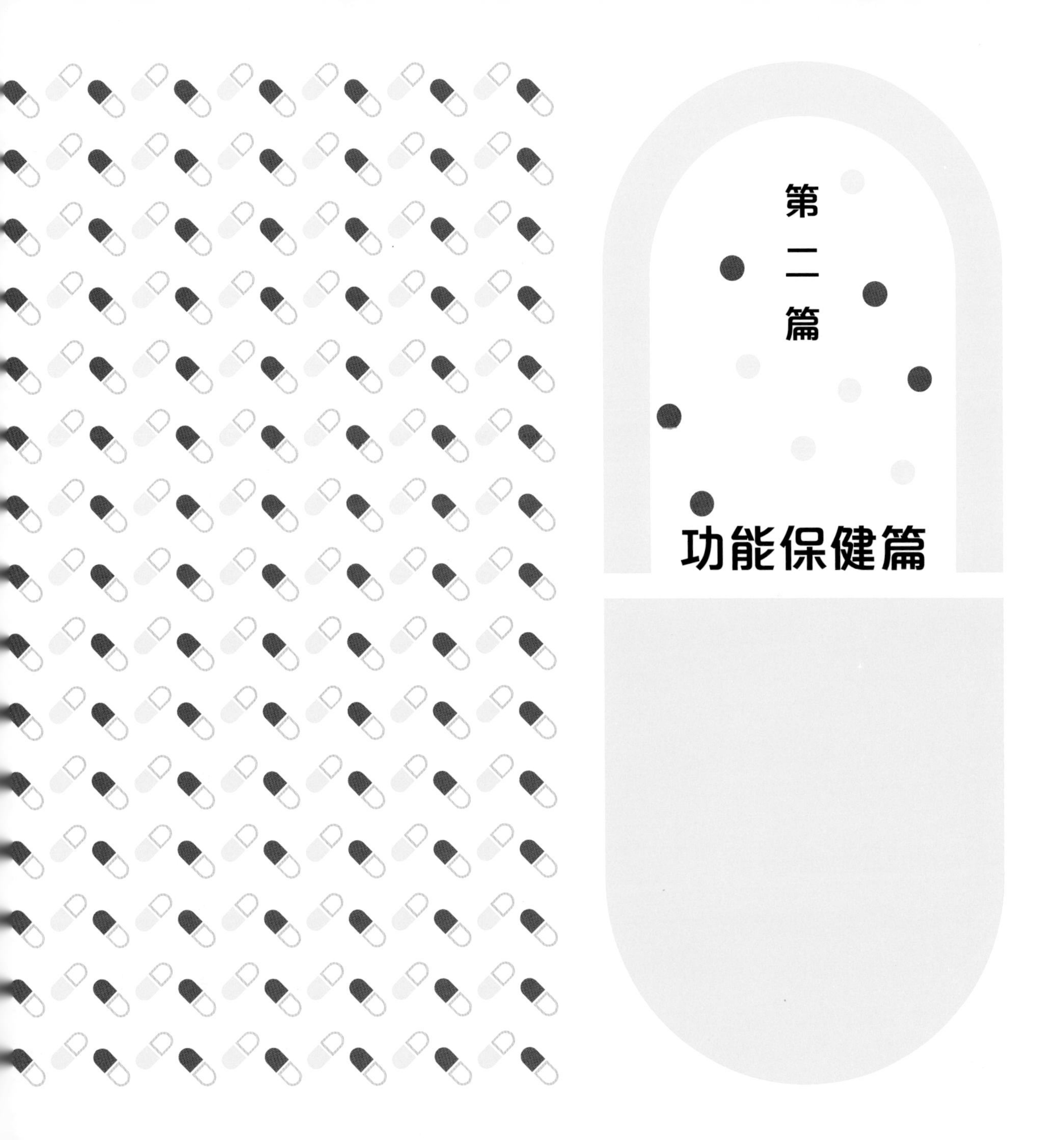
第二篇
功能保健篇

2.1

鱼油≠鱼肝油，吃错影响健康

鱼油、鱼肝油是很多儿童及老年人经常服用的保健食品，它们仅一字之差，却有很大区别。鱼油的主要成分为不饱和脂肪酸，鱼肝油的主要成分是维生素A和维生素D，两者截然不同，用错还可能造成过量中毒。下面就一起来看看这二者到底有什么区别，应该如何选择。

一、鱼油和鱼肝油到底是什么?

1. 鱼油——深海鱼体内的脂肪

相信大家都听说过饱和脂肪酸和不饱和脂肪酸，其中不饱和脂肪酸可降低胆固醇、甘油三酯，增强记忆力等，对人体有益。鱼油的主要成分就是不饱和脂肪酸，也就是大家熟知的DHA（二十二碳六烯酸）和EPA（二十碳五烯酸）。

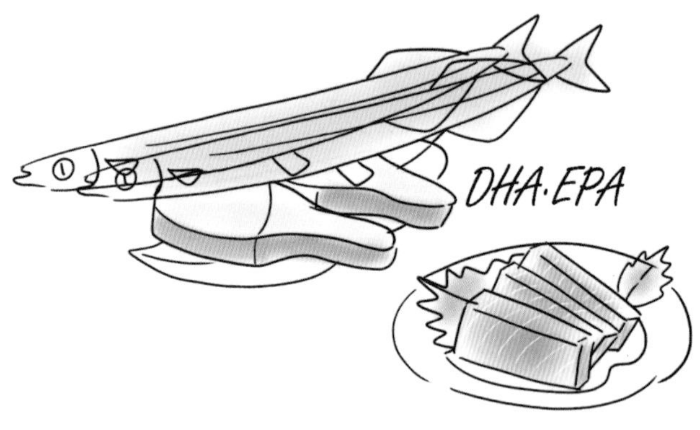

DHA是维持大脑功能不可缺少的物质，有“脑黄金”的美称，可促进脑细胞生长，缓解智力衰退、健忘、阿尔茨海默病等。是目前很多孕妈、老年人所追捧的，还有些妈妈会在孩子婴儿时期给孩子补充，希望孩子能够更聪明。

EPA因为能够改善血液循环，让血液黏度下降，防止血管粥样硬化斑块及血栓形成，有益于高血压、高血脂的患者，此外，它还可以促进关节腔内润滑液的形成，减轻关节疼痛，预防关节炎，更受中老年人喜欢。

2. 鱼肝油——鱼肝脏中的脂肪油

鱼肝油是从鱼的肝脏中提取的，它的主要成分是维生素 A 和维生素 D，而不饱和脂肪酸的含量很少。

鱼肝油能够对眼睛有益，是其中的维生素 A 发挥的作用。维生素 A 又称视黄醇，除能够帮助维持正常视力外，还可以维持骨骼正常生长，防治皮肤角质粗糙等。

鱼肝油还可增加人体对钙的吸收，这主要是维生素 D 所起的作用。维生素 D 对于骨骼的生长有着积极的作用，能够促进人体对钙和磷的吸收，从而产生预防佝偻病、改善骨质疏松等效果，因为很多缺钙的人，可能就是因为体内缺乏维生素 D 导致的。

3. 两者的主要区别

两者成分不同，功能不同，不能混淆，更不可相互取代，具体区别见下表。

	主要成分	来源	功能
鱼油	DHA 和 EPA	源自深海鱼的脂肪	具有增强记忆力、调节血脂等功能，但是这些功能也存在一定争议
鱼肝油	维生素 A 和维生素 D	源自深海鱼的肝脏脂肪	具有保护视力、促进钙吸收等功能

二、哪些人需要补充鱼油或者鱼肝油?

并不是所有人都需要补充鱼油或者鱼肝油。同时也要注意鱼油或者鱼肝油类保健食品不能替代药品，在使用前，最好咨询医生，不要自己盲目服用。

1. 需适量补充鱼油的人群

- 冠心病患者：有心肌梗死病史、明确的冠状动脉粥样硬化的患者，若合并高脂血症，补充鱼油可以降低因冠心病而导致的死亡率约 10%。
- 心力衰竭患者：若合并高脂血症，补充鱼油可以降低死亡率和相关的住院率约 9%。
- 挑食宝宝、严重孕吐的孕妇等因饮食不

均衡，不饱和脂肪酸不能从食物中得到充分的补充，而无法满足身体对营养素的需求时，可适量补充。

2. 需适量补充鱼肝油的人群

体内缺乏维生素 A 和维生素 D 的人群可以适量补充鱼肝油。

- 夜盲症患者。
- 佝偻病患者。
- 手足搐搦症患儿。

三、鱼油和鱼肝油应该如何补？

1. 食补　鱼油及鱼肝油均是从鱼中提取的，那么自然通过饮食获得相应的营养元素是最佳途径。对于鱼油的补充，建议平日多吃一些富含 DHA 和 EPA 的食物，如鱼肉、亚麻籽、坚果及各类植物油等。一般建议每周吃 2～3 次鱼肉，但并不是所有的鱼都包含丰富的不饱和脂肪酸，富含 DHA 和 EPA 的主要是一些深海鱼，如沙丁鱼、鳕鱼、三文鱼等。而坚果类的食物虽营养丰富也应注意适量，一方面因为坚果是高热量食物，吃得过多易胖；另一方面，坚果较硬，吃得过多会损伤胃肠，导致胃肠不适，所以不要吃得过多。

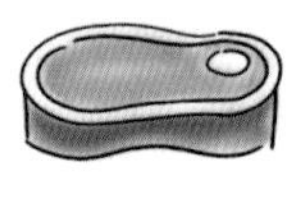

富含DHA及EPA的食物

我们可以通过吃含有维生素 D 和维生素 A 的食物来代替鱼肝油的补充。如奶制品、动物肝脏、蛋黄和富含脂肪的海鱼（如三文鱼）等含少量维生素 D；绿色或橙色蔬菜、动物肝脏、奶制品等食物中含有维生素 A。因此在平时生活中应注重饮食搭配，鱼肉、鸡蛋、猪肝、蔬菜、水果等都有利于我们的身体健康，勿要偏食。对于儿童、孕妇、老年人等也要每日适当饮用牛奶增加体内的维生素 D，帮助钙吸收。

《中国居民膳食指南》每日牛奶推荐饮用量见下表：

人群	牛奶饮用量
成年人	300g
老年人	300g
学龄前儿童	300～400ml
学龄儿童	300ml
哺乳期	500ml
孕期	孕早期：300g 孕中、晚期：500g

除食补外，众所周知，补充维生素 D 最直接有效的方法就是晒太阳，因此要注重户外运动，最好保证每天 2 小时的日晒时间。需要注意的是，由于紫外线穿透能力较弱，隔着玻璃晒太阳并不能起到补充维生素 D 的作用。当然，对于老年人来说，过度运动也是不利于身体健康的，所以散步是一个不错的选择。

2. 服用保健食品　如果食物达不到补充的标准，可以服用鱼油或鱼肝油来补充营养元素，但并不是补得越多越好。

▲ **鱼油：**一般认为普通成人每天需要 200mg DHA，相当于不吃鱼的人一天补充 1g 鱼油，**每天补充鱼油不应超过 3g**。为更好地保护血管，也可同时搭配卵磷脂服用。

▲ **鱼肝油：**一般来说，日常饮食中摄取的维生素 A 就可满足人体需求，不需要额外补充。而维生素 D 需要通过长时间的日晒来获得，对于不能保证日晒时间的人来说，很难足量补充，可考虑额外补充。由于不同生产企业生产的鱼肝油中维生素 A 和维生素 D 的剂量不同，应根据个人情况对照说明书成分剂量来补充。如果体内维生素 A 不缺乏，通过鱼肝油来补充维生素 D 的过程中，要考虑维生素 A 过量可能引起的恶心、脱发、皮肤干燥脱屑等风险。

人群	维生素 D 每日补充剂量
普通成人	200IU
婴幼儿	400~800IU
孕早期、中期	400IU
孕后期	800IU
中老年人	400~800IU
骨质疏松及免疫力低下人群	800IU

四、服用鱼油、鱼肝油的注意事项有哪些?

1. 患有血友病或凝血障碍以及患有痛风的人群不适宜服用鱼油。

2. 对海鲜高度过敏的人不建议服用鱼油或鱼肝油。

3. 体质虚弱、患有尿路结石或单纯补充维生素 D 的人，不建议长期服用鱼肝油。

4. 慢性肾衰竭的患者不适宜服用鱼肝油，贫血的患者也要慎重服用。

5. 中老年人长期服用鱼肝油时要注意多饮水，增加尿液排泄，防止引起尿路结石。

从价格上来看，鱼油的价格要比鱼肝油贵得多。作为消费者，我们应当辨清二者的区别，选择合适的保健食品以达到最好的效果。

五、鱼油和鱼肝油既有药品也有保健食品，应该如何选择呢?

可以综合考虑以下几方面因素来进行选择:

1. 适宜性　首先要了解自己的健康营养需求，本着“缺什么补什么，缺多少补多少”的原则，选择适宜品种和适当剂量的保健食品或药品进行补充。

2. 质量保障　与保健食品相比，药品的注册审批、生产及经营标准更加严格，所以相同成分的鱼油及鱼肝油，药品的质量标准更高，相对于保健食品来说，质量保障更可靠，综合考虑各项因素后如果选择购买保健食品，应优先选择正规渠道购买，选择正规厂家生产的鱼油、鱼肝油。

3. 口感、口味　药品鱼油、鱼肝油一般制成胶囊、片剂等剂型，保健食品的鱼油及鱼肝油除此之外还有带有果味的滴剂、软糖等剂型，口味更丰富且更易于接受。

4. 经济性　对于保健食品来说，并不是越贵越好，在选择时，价格是否实惠也是一个重要的参考因素。

沈阳医学院附属第二医院：廖美偲、宋方

2.2

真相来了，吃酵素不能减肥

“酵素”这个词汇源于日本，后来传入我国，从酵素的本质上看，它就是一种酶，是一种特殊的蛋白质。酶是我们身体与生俱来的，分布在人体不同部位起到不同的作用，参与多种生物反应，通过帮助胃肠分解、消化、吸收、排泄食物，促进人体新陈代谢，维持机体正常功能。市场上的酵素产品多以动物、植物、菌类等为原料，经微生物发酵制得，含有特定活性成分。近几年，酵素风靡流行，身边越来越多的人吃酵素排毒减肥。但真相是，酵素并不能减肥，让我们一起来看一看这是为什么吧。

一、吃酵素并不能补酵素

商家宣传：酵素的主要作用是促进消化吸收，通过催化胃肠中的蛋白质、脂肪和碳水化合物的分解，促进食物消化吸收。而市场上酵素产品之所以受欢迎，也因其多以“减肥瘦身”为卖点。如果单纯从分解消化食物的方面来说，确实有具有消化分解食物作用的消化酶，并且就存在于人体内。但是这一作用也是基于体内原本就存在的酶而言，对于外界通过人工合成再以口服方式摄入的“酶”还能否发挥消化分解食物的作用，就需要了解其在体内是否能够发挥活性。

对于消化酶类药物，由于其生产工艺特殊，剂型一般为相互独立的薄膜衣片或双层包衣片。其特殊的剂型设计可以使不同的酶在不同部位（不同 pH 环境）下崩解释放，不被破坏的同时发挥生物效应，以多酶片为例，为肠溶衣与糖衣的双层包衣片，内层为胰酶，外层为胃蛋白酶。口服后外层的胃蛋白酶在胃中溶解发挥作用，而内层的胰酶不被破坏，进入小肠后内层的胰酶释放，发挥作用。

而人工合成的酵素，想要发挥酶的作用需要特定的环境，如温度、酸碱度等一系列条件，由于无特殊剂型，其被口服摄入后，在通过消化道进入胃部时，会被强酸性的胃液分解破坏掉。被破坏掉的酶，就失去了活性，不能促进食物消化，燃烧多余脂肪，更不能减肥了。

那为什么有人吃完酵素体重确实减轻了呢？其实是因为某些生产厂家在制作酵素的过程中加入了通便的泻药，通过增加肠道排便的次数，起到减肥的效果。但是如果长期服用这种含泻药成分的酵素，不仅不能减肥，还会造成肠道蠕动力减弱，治疗不及时甚至会出现癌变的风险。

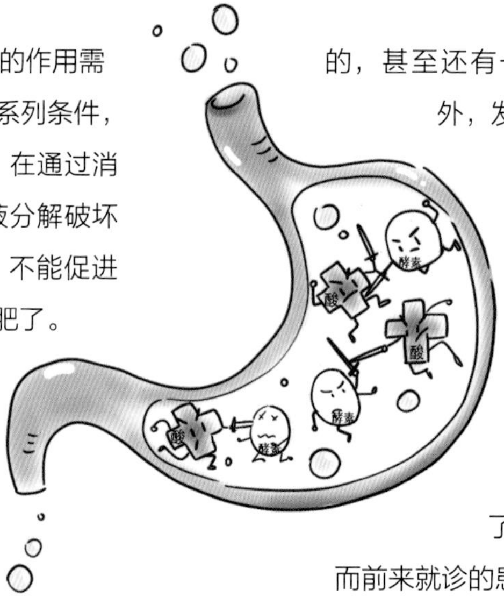

二、自制酵素不安全

日常生活中，一些养生达人还会自制水果酵素，自制水果酵素的过程其实是水果发酵的过程，在这个过程中容易掺入杂菌，使水果酵素受到霉菌的污染，产生棒曲霉素，它是有毒的，甚至还有一定的致癌性。除此之外，发酵过程中还可能会产生亚硝酸盐和甲醇等有毒物质，在没有规范质量检测和控制的情况下，自制酵素是存在一定风险的。有医生表示，会在门诊工作中遇到因为吃了被细菌污染的自制酵素而前来就诊的患者。

三、想减肥，应该这样做

我们的体重是由摄入热量和消耗热量的平衡来维持的，想要减轻体重必须要少摄入热量，多消耗热量，所以想要减肥并没有什么捷径可走，必须要“管住嘴、迈开腿”，多选择蔬菜水果、粗粮、瘦肉、鱼肉等健康食品，尽量不吃或少吃油炸食品、甜食等高热量食品，每天坚持运动。

沈阳医学院附属第二医院：廖美偲
山西医科大学第二医院：张瑞琴

2.3

肠道健康，离不开益生菌吗？

益生菌是一类细菌，益生菌类保健食品是指能够促进肠内菌群生态平衡，对人体起有益作用的微生态制剂。正常情况下，我们的肠道里有数百种细菌，包含有益菌（益生菌）、有害菌和中性菌（也称为条件致病菌）3 种细菌。健康人群中，这些细菌按一定比例存在，处于平衡状态，从而维持肠道的正常功能。我们常说的菌群失调就是指由各种原因导致的有益菌比例减少，有害菌比例增多所引起的肠道功能紊乱。生活中，我们经常会因为饮食不当，或者水土不服等环境变化而出现便秘、腹泻，或者

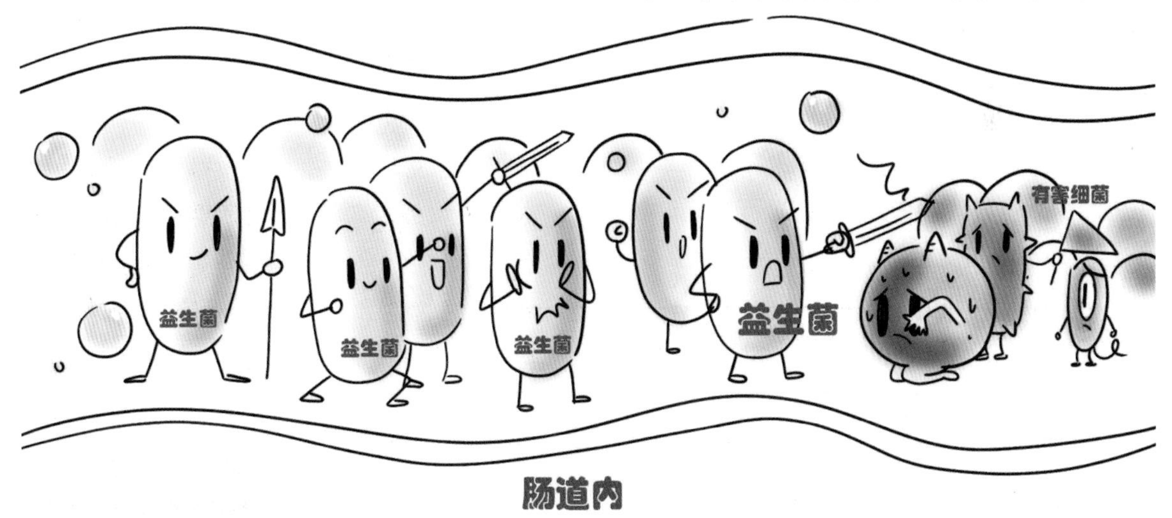

肠道内

肠炎等一系列肠道问题。在这种情况下，有不少人会考虑吃点益生菌，有病治病，没病强身，真的是这样吗？

一、益生菌对肠道有哪些功能？

1. 直接补充正常生理活菌，调节肠道菌群紊乱。

2. 益生菌与致病菌相互竞争附着位点，以维持肠道菌群平衡。

3. 形成肠道黏膜生物屏障，改变肠道蠕动功能。

4. 益生菌的代谢产物可以降低肠道 pH 值，改善肠腔内的环境，增加肠道蠕动。

5. 有些益生菌，如乳酸菌还能合成维生素、有机酸供人体吸收，有机酸能加强肠的蠕动，促进常量及微量元素如钙、铁、锌等的吸收。

二、关于益生菌常见的六大误区

误区 1：吃益生菌有百利而无一害

很多人认为益生菌多吃也无所谓，实际上，长期使用益生菌会产生“益生菌依赖症”。因为长期使用口服益生菌产品，会促使肠道功能逐步丧失自身繁殖有益菌的能力，时间一长，人体肠道便产生了依赖性，这就是“益生菌依赖症”。一旦患上“益生菌依赖症”，需要终身依靠使用口服益生菌产品来维持生命的健康状态，后果非常严重。所以如果感觉胃肠功能有所改善，建议停用益生菌，同时注意培养良好的饮食习惯，并适量运动。

误区 2：有“菌”就一定有作用

益生菌要想发挥作用，必须满足以下 3 个要素：

▲ 特定菌株——选择有“L”和“B”开头的菌株。

益生菌的功效是基于“菌株”的，不同菌株具有不同的功能。益生菌补充剂大多包含了多种不同的菌株，含有多种菌株的益生菌补充剂总体上比仅含有一个或两个菌株的产品更有效。这是因为许多菌株具有协同作用，能够更好地调节肠道功能。对于成年人，一般需要有效的混合乳酸杆菌和双歧杆菌的产品，简单地说，就是选择有“L”和“B”开头的菌株。

可用于保健食品的益生菌菌株名单见下表:

名称	拉丁学名
第一类　双歧杆菌属	
两歧双歧杆菌	*Bifidobacterium bifidum*
婴儿双歧杆菌	*B. infantis*
长双歧杆菌	*B. longum*
短双歧杆菌	*B. breve*
青春双歧杆菌	*B. adolescentis*
第二类　乳杆菌属	
保加利亚乳杆菌	*Lactobacillus bulgaricus*
嗜酸乳杆菌	*L. acidophilus*
干酪乳杆菌干酪亚种	*L. Casei subsp. casei*
第三类　链球菌属	
嗜热链球菌	*Streptococcus thermophilus*

资料来源:《关于印发真菌类和益生菌类保健食品评审规定的通知》(卫法监发〔2001〕84号)

当然,选择益生菌也要看个体情况。但是,目前对于个性化的益生菌干预研究才刚刚起步,尚无法指导消费者如何根据自身情况来挑选益生菌产品。

▲ 足够数量——不得少于106cfu/ml(g)。

益生菌只有达到一定数量才能稳定地发挥作用,而大多数益生菌对温度、胃酸、胆盐特别敏感,到达肠道前会大量损耗,能够到达肠道并具有活性的可能只是其中一部分。因此,应尽量选择含活菌数较高的产品来保证这些益生菌能在肠道维持足够数量。《益生菌类保健食品评审规定》要求:活菌类益生菌保健食品在其保存期内活菌数目不得少于106cfu/ml (g)。

▲ 活菌含量——保质期内存活数量要高。

活的益生菌在肠道里定居,才能对身体的健康产生有益作用。而益生菌的活性会受存储时间和存储条件的影响,这样就造成生产时添加的菌量和保质期内的活菌数有很大区别。所以在选择益生菌时,建议选择保质期内活菌数量高的产品。

误区 3：益生菌 = 乳酸菌

益生菌和乳酸菌是有区别的。益生菌是对人体有益的细菌，有可能是乳酸菌，也有可能是其他菌属。而乳酸菌是一类发酵糖类时产生乳酸的细菌群体，有益生菌，也有有害菌。所以，益生菌不都是乳酸菌，乳酸菌也不都是益生菌。

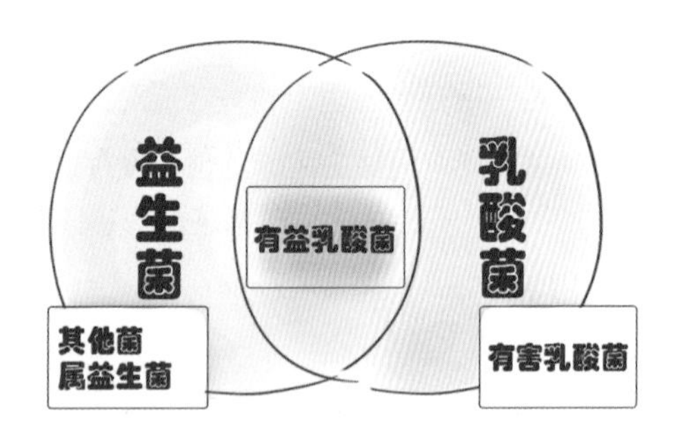

误区 4：益生菌 = 益生元

益生菌和益生元都有利于肠道菌群均衡，但它们却是不同的。补充益生菌可以直接补充肠道中有益菌的数量、活性。益生元的主要成分多为低聚糖类，如低聚果糖、低聚半乳糖、菊粉、乳果糖等，它们能选择性地刺激肠道中有益菌的生长和活性代谢，也就是说，益生元是益生菌的食物、营养补充剂。当然，两者可以单独使用，也可以一起联合使用。

误区 5：益生菌 = 发酵酸奶

生活中，我们经常会喝酸奶，这些酸奶大部分是添加了乳酸菌的发酵酸奶，所以很多人认为喝酸奶就是补充益生菌，其实不然。首先，加入乳酸菌可以优化酸奶的口感，但是它的功能一般是没有经过筛选和验证的；其次，这些酸奶中添加的益生菌很少能耐受胃酸和胆盐，也就意味着能够到达肠道的活菌量是非常非常少的。因此，酸奶可以作为我们美味的食物，但是单纯通过喝酸奶来补充益生菌，是不建议的。

误区 6：益生菌能增强婴幼儿的免疫力

益生菌虽然能够减少腹泻的时间，但也只是起到辅助的作用。适量补充益生菌能预防部分肠道疾病（如细菌性胃肠炎）的发生，增强肠道免疫力，但提高肠道免疫力不等于提高全身免疫力。补充益生菌改变的只是肠道内的微生态环境，并不能影响人的免疫系统，也不能增强全身的免疫力。尤其对于婴幼儿来说，益生菌不能随意吃，更不能当零食吃，千万不要将益生菌当成是万能药。

三、益生菌的适宜人群有哪些?

健康人群对益生菌的需求量不是很多，而且人体自身也是生产益生菌的大工厂，所以健康人群不需要额外补充益生菌。益生菌的适宜人群主要有以下几类:

- 腹泻人群：益生菌主要通过调节肠道菌群失调来缓解感染性腹泻和病毒性腹泻。
- 便秘人群：益生菌可通过促进肠道蠕动等方式来促进排便。
- 肠炎患者：如溃疡性结肠炎，虽然其病因尚未明确，但补充益生菌可取得一定效果。
- 消化不良人群：益生菌可以促进消化。
- 乳糖不耐受人群：益生菌可以帮助分解牛奶中的乳糖，从而促进对牛奶中营养成分的吸收。

四、服用益生菌的注意事项有哪些?

1. 饭后服用，效果更好。因为食物可以中和胃酸，从而有利于活菌顺利到达肠道，发挥作用。

2. 用温水或温牛奶送服。水温过高，会影响益生菌活性。

3. 与抗生素同服时要间隔 2 小时。抗生素会影响益生菌的效果，建议在服用抗生素 2 小时后再补充益生菌。

4. 避免喝酒、浓茶和咖啡。这些饮品具有抑制微生物生长的作用，会杀死益生菌制品中的活菌。

5. 不能同服具有吸附性质的药品和食物。如胶体、活性炭，这类药品和食物会包裹、吸附益生菌，使益生菌随之排出体外，影响益生菌的作用。

一般情况下，如果饮食结构合理，我们可以从正常饮食中摄取所需的益生菌，不需要额外补充；如果确实需要补充，应该在医生或营养师的指导下服用，千万不能盲目滥用。

沈阳医学院附属第二医院：卢熠、李坚

2.4

牛初乳能提高婴幼儿的免疫力吗?

牛初乳是经常被商家推销的一款保健产品，商家抓住了家长们“希望宝宝能够健康茁壮成长”的心理特点，以能够“促进婴幼儿生长发育，增强抵抗力等”为卖点，销售牛初乳产品。其实，与人初乳相比，牛初乳并不适合宝宝，想要通过补充牛初乳来提高宝宝的免疫力是不可取的。

一、什么是牛初乳?

牛初乳是指母牛产小牛后 7 天内的乳汁，其中含有丰富的蛋白质、脂肪和部分矿物质，且含量均高于人初乳及普通牛奶，而且免疫球蛋白 IgG 的含量达到人初乳的 50 倍，而免疫球蛋白 IgG 正是牛初乳提高机体免疫力的物质，这对于初生牛犊的被动免疫非常重要。

二、牛初乳与人初乳的三大不同

人初乳是怀孕 7 个月开始由孕妇乳房产生的，至宝宝出生后 5 天以内分泌的乳汁。人初乳是最适合婴儿的营养物质。除人初乳外，目前唯一能被人类所接受的初乳就是牛初乳，因为牛初乳具有与人初乳非常相似的成分与功能。但是两者构成成分的含量却有着很大的差别。

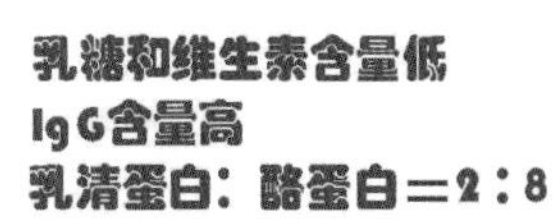

1. 营养成分不同

牛初乳的免疫球蛋白、生长因子含量很高，乳糖和维生素含量却较人初乳低，营养构成搭配不均衡。乳糖能够为人体及大脑活动提供能量，对儿童智力发育十分重要，所以牛初乳的营养结构不如人初乳。

2. 免疫球蛋白的种类不同

机体内的免疫球蛋白有很多种，其中包括 IgG 及 IgA，胎儿可以通过胎盘从母体内获得免疫球蛋白 IgG，而无法从胎盘获得 IgA。IgA 是机体黏膜防御系统的主要成分，由于新生儿肠壁通透性大，病原体更易通过肠壁进入人体，因此对于免疫功能尚未成熟的新生儿而言，获取免疫球蛋白 IgA 更重要。人初乳中具有抗感染作用的免疫球蛋白 IgA 含量更高，能更有效地帮助宝宝抵御病原体。而牛初乳中免疫球蛋白 IgG 很高，但婴幼儿并不缺乏。

3. 蛋白质的种类不同

人初乳中乳清蛋白和酪蛋白的比例大约是 8：2，牛初乳中该比例是 2：8，相比于牛初乳，人初乳的这种比例使宝宝更容易消化吸收乳汁。对于刚出生的婴幼儿来说，消化吸收等功能还没有发育完全，过早摄入较多的营养物质，对肝脏、肾脏都可能造成很大负担。而且牛初乳中酪蛋白比例过高，还可能引起婴幼儿过敏。

三、牛初乳提高免疫力有争议

牛初乳经常被人们说可以提高机体免疫力，

是因为其富含免疫球蛋白 IgG，它是抗病毒和抗细菌的主要物质，能够提高机体的抵抗力。然而，牛初乳虽然含有提高免疫力的相关成分，但其是否适合用来食用以提高免疫力，却有着不同的说法。

1. 免疫球蛋白具有特异性

也就是说牛初乳中的免疫球蛋白对小牛具有非常明显的提高免疫功能的作用，但对人而言，作用却不一定很明显。

2. 免疫球蛋白极易被破坏

牛初乳被制成合格产品之前要经过特殊的工艺处理，在这个过程中，免疫球蛋白 IgG 的活性可能会受到破坏，其活性一旦丧失，就跟普通蛋白质没有差别了。所以牛初乳是否真的能够有效地提高抵抗力，还有待进一步考证。

3. 物理性质不稳定

牛初乳的物理性质不稳定，且成分与常乳差别很大，不适合用于婴幼儿配方食品的生产加工。为此，2012 年卫生部还发布了一条禁令——**婴幼儿配方食品中将不得再添加牛初乳以及用牛初乳为原料生产的乳制品，此禁令自 2012 年 9 月 1 日起执行。**

4. 国外对牛初乳的有关规定

目前我国进口的牛初乳主要来自新西兰和澳大利亚，这两个国家对于牛初乳也有严格的规定。新西兰牛初乳的产品包装上明确指出：牛初乳不适合 3 岁及以下人群食用。3 岁以上，如有特殊原因（例如侏儒症、某些先天性疾病）食用前须咨询专业医生。而澳大利亚将牛初乳作为补充类药物管理。

总之，人乳是最适合婴儿的营养物质，如果宝宝是全母乳喂养的，完全没必要去额外补充牛初乳。宝宝抵抗力是否低下，是否需要提高免疫力，要去医院确诊才能确定，不要随意自行购买使用保健食品。

郑州大学第一附属医院：张晓坚
沈阳医学院附属第二医院：李坚

2.5

依靠蛋白粉补充蛋白质可取吗？

蛋白粉食用方便，深受中老年人、健身爱好者等人群的喜爱。蛋白粉的主要成分是一种或多种优质蛋白质，而蛋白质在我们的日常生活中并不陌生，它与脂肪、糖类并称为人体三大营养物质，是构成机体和影响机体代谢最重要的营养素。人体内的蛋白质不足时，孩子可能会出现生长发育迟缓、体重过低等现象，成年人会出现疲倦、体重降低、贫血等现象，所以我们每天都必须摄入足量的蛋白质。奶类、蛋类、肉类、豆类等食物中蛋白质含量较高，对于饮食正常的健康人来说，所需的蛋白质完全可以通过日常饮食来满足，但是当我们处于某种特殊时期或状态，不能通过正常饮食来改善蛋白质缺乏时，就需要人为补充。为此，蛋白粉这一保健产品应运而生，但蛋白粉并不是人人都必需的，更不能用蛋白粉来代替日常饮食。

一、蛋白粉的营养价值及作用

市面上销售的蛋白粉大多是以大豆蛋白或乳清蛋白经科学配比加工而成的，主要为人体提供所需的蛋白质。最早，蛋白粉主要用于运动员保持体重、增强运动能力等方面，但随着不断研究，蛋白粉作为营养保健食品，其消费群体已扩展到普通大众。

蛋白粉除能够补充能量、促进生长发育外，也有研究显示大豆蛋白可以降低心血管疾病的患病风险，乳清蛋白有助于合成肌肉。尽管蛋白粉具有较多的营养价值和作用，但其实蛋白粉中的蛋白质与普通食物中的蛋白质并没有什么区别，只是人体补充蛋白质的一种辅助性食物，并不能替代日常的饮食。除此之外，部分商家宣传其具有减肥、增肌、增强免疫力等种种神奇的功效，则是夸大了它的作用。

二、蛋白粉不是人人都能吃

1. 哪些人可以吃蛋白粉？

蛋白粉是由一种或多种优质蛋白加工制成的营养补充剂，是一种针对特定人群的营养性食品补充剂。像老年人、经常运动的人、手术前或手术后的患者、挑食儿童和孕妇等，这些人由于身体的特殊情况，会需要更多的蛋白质或者本身蛋白质合成不足，不能提供人体所必需的营养，就可以通过服用蛋白粉来补充蛋白质。

● **咀嚼功能不好的老年人。**大多数老年人牙齿都不好，会有部分脱落或者损坏，导致没有办法正常咀嚼进食，不能嚼碎吞咽一些富含蛋白质的食物，如牛肉等肉类，以致蛋白质摄入不足，这时可以通过服用蛋白粉来补充蛋白质。

● **健身爱好者及高强度体力劳动者。**大量、超负荷的运动和高强度的体力劳动可能会造成肌肉不同程度的损伤，比如肌肉蛋白分解。服用蛋白粉可以及时补充充足的蛋白质，促进肌肉蛋白合成，使肌肉增长，提高力量。

● **特殊疾病患者。**一些身体处于恢复关键阶段的特殊疾病患者，体内的蛋白质处在重度亏损状态，比如受伤、烧伤、大面积皮肤溃烂、感染、做过外科大手术的患者，需要大量的蛋白质来修复机体，可以适当选用蛋白粉来补充蛋白质。

- **饮食中缺少蛋白质的人群。**平时饮食中蛋白质摄入较少的人群可以通过服用蛋白粉来补充蛋白质。有些儿童会有挑食的毛病，不喜欢吃鱼、肉、蛋、奶等，这些都是富含蛋白质的食物，当自己的孩子存在这类情况时，家长要注意了，蛋白质补充不足会影响身体发育，可适当利用蛋白粉来补充蛋白质。
- **孕吐严重的孕妇。**孕妈们要摄入足量的蛋白质来保证胎儿的生长发育，但是如果有严重的孕期呕吐会导致蛋白质摄入不足，影响胎儿发育，因此，孕吐严重的孕妈可以适当选择补充蛋白粉。

2. 哪些人要慎吃蛋白粉?

蛋白粉是营养物质，可以提供人体所需的蛋白质，但以下人群一定要慎重食用蛋白粉。

- **肝脏、肾脏疾病患者。**蛋白质进入人体后一般会先通过肝脏进行加工，再经过肾脏进行排泄。而对于肝性脑病、肝硬化晚期的患者，摄入过多的蛋白质会增加肝脏的负担，使病情加重。而肾脏功能不好的人服用过多蛋白粉会造成蛋白质代谢产物排泄不出去，加重肾脏负担。所以，蛋白粉的摄入量要和肝、肾功能相适应。

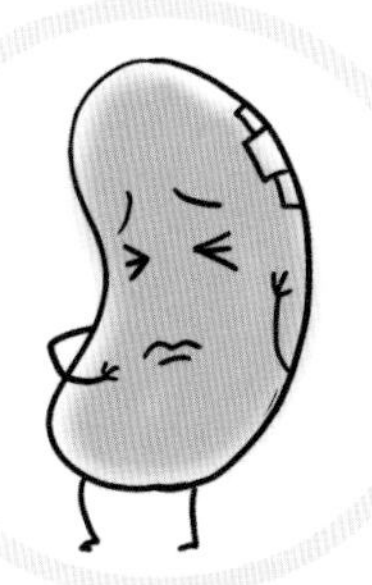

- **新生儿及婴幼儿。**新生儿及婴幼儿不仅不能很好地消化吸收蛋白粉中的蛋白质，有些宝宝服用后还可能会出现腹泻、呕吐等症状，所以一般不建议服用蛋白粉。

- **痛风患者。**

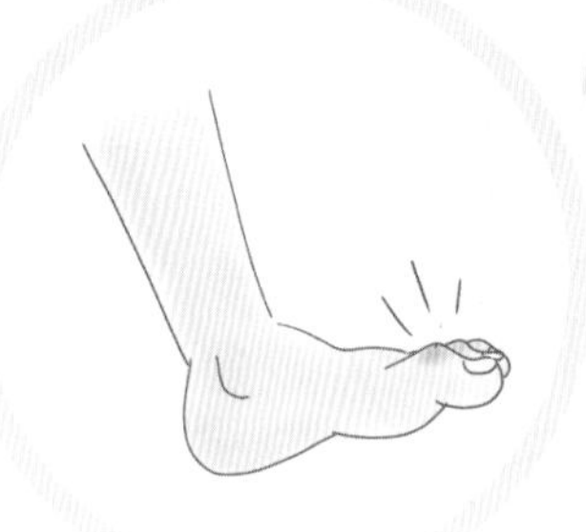

痛风患者选择蛋白粉要注意，不要服用以大豆蛋白为主要成分的蛋白粉，因为大豆蛋白含嘌呤成分，服用后可能会造成体内尿酸升高，从而加重痛风。

所以，对于肝、肾功能不好，或患有痛风的健身人士，尤其应注意在健身训练期间将蛋白质摄入量控制在符合身体处理能力的范围内，不宜过量补充。

最后，在是否应该服用蛋白粉这个问题上，还是请您记住这个前提：能从日常均衡饮食中摄取足量蛋白质的健康人群是不需要额外补充蛋白粉的。哪怕是孕妇、哺乳期妇女、患者、儿童、老年人等，只要拥有好的胃口，都没有必要吃。

三、教您科学服用蛋白粉

1. 正确选择蛋白粉

现在市面上销售的蛋白粉大多是植物蛋白粉、动物蛋白粉或者两者的混合蛋白粉。动物蛋白粉大多是乳清蛋白，植物蛋白粉大多是大豆蛋白。除了痛风患者不宜选择大豆蛋白外，其他人群选择动物蛋白粉或植物蛋白粉都是可以的，没有明显的区别。

2. 服用剂量有讲究

健康人群每天所需的蛋白质为每千克体重0.8～1.0g。蛋白质的摄入量因人而异，会受年龄、体重、运动频率、训练项目和周期目标等影响。因此蛋白粉的摄入量也不是固定的，前提是你的基础饮食占据每日蛋白质需要量的比例。如果日常饮食无法达到标准，就需要用蛋白粉来进行补充。

所以，服用蛋白粉时首先要看产品标签并结合自身情况，按照产品标签上的推荐食用量服用，如果吃得太少会达不到效果，吃得太多会造成浪费或者产生副作用，甚至加重肝、肾的负担。

常见食物中蛋白质的含量（g/100g）

食物名称	含量	食物名称	含量	食物名称	含量
大豆类	35.0～50.0	牛肉	15.8～21.7	大米	7.0～8.0
其他干豆类	20.0～30.0	羊肉	14.3～18.7	面粉	9.9
坚果类	15.0～28.0	猪肉	13.3～18.5	薯类（鲜）	1.0～2.3
鸡肉	21.5	兔肉	21.2	鲜豆类	1.5～13.6
鱼	15.0～21.0	鸡蛋	14.7	蔬菜	0.1～3.0
虾米	47.6	牛乳	3.3	水果	0.1～2.0

3. 冲服温度要注意

蛋白粉中含有生物活性物质，一旦受热会失去活性，所以**要用 40℃以下的温水冲服**，一定不能烫或者煮。

4. 空腹食用要避免

服用蛋白粉前，尽可能事先吃一些补充能量的食物，再服用蛋白粉。空腹时服用蛋白粉容易被机体当作“能量”消耗掉，造成优质蛋白的浪费。

5. 酸性饮料要远离

苹果汁等饮料里含有有机酸等酸性成分，与蛋白粉相遇后，会形成凝块，从而影响蛋白质的消化吸收。

沈阳医学院附属第二医院：董丽艳

2.6

补钙——只选对的，不选贵的

钙作为我们身体所需的重要矿物质元素，分布在全身各处，参与全身的生命活动，人体缺钙的典型症状有佝偻病、骨质软化症、骨质疏松症、手足搐搦等。而婴幼儿、青少年、孕产妇、绝经期妇女、老年人由于特殊的生理需求更易出现缺钙。因此，了解清楚补钙的这些事儿很重要。

一、补钙第一步：食补是关键

补钙最好的来源就是膳食，我们日常饮食中很多食物都含有丰富的钙，如奶及其制品、豆制品等。奶及其制品的含钙量高、容易吸收，是最佳的钙源（不耐受者不建议食用），尤其是儿童时期，奶类是最主要也是最好的钙源。根据中国营养学会发布的《中国居民膳食营养素参考摄入量》，不同年龄段人群每日推荐的钙摄入量是不同的，见下表。

人群	钙 /（mg·d^{-1}）	
	推荐摄入量	可耐受最高摄入量
0～6 个月	200[a]	1 000
7～12 个月	250[a]	1 500
1～3 岁	600	1 500
4～6 岁	800	2 000
7～10 岁	1 000	2 000
11～13 岁	1 200	2 000
14～17 岁	1 000	2 000
18～49 岁	800	2 000
50 岁以上	1 000	2 000
孕妇（1～12 周）	800	2 000
孕妇（13～27 周）	1 000	2 000
孕妇（≥28 周）	1 000	2 000
乳母	1 000	2 000

a: 适宜摄入量

需要注意的是：推荐的钙摄入量是指健康人群的营养需要量，与治疗疾病的治疗量不同。治疗疾病具体需要的钙量要在医生或药师的指导下应用，切勿自行调整。

二、补钙第二步：注意钙含量

在不能保证日常饮食中钙的正常摄入时，也可考虑选择钙补充剂进行补钙。市面上补钙产品琳琅满目，如何选择也是一门学问，消费者在购买补钙产品时应关注产品的钙含量。正规补钙产品都应当标明单位剂量中含有多少钙质，市面上钙补充剂的钙含量表示方式主要有两种。

一种是以百分比来表示钙的含量，比如碳酸钙 40.0%（是指碳酸钙中的含钙量为 40%），氯化钙 27.2%，醋酸钙 23.0%，枸橼酸钙（柠檬酸钙）21.0%，乳酸钙 13.0%，葡萄糖酸钙 9.0% 等。

另一种是以毫克量来表示钙的含量，比如每片碳酸钙 1.5g，含钙 600mg。

因此，在选择补钙保健食品时不能只看说明书上标注的碳酸钙、乳酸钙、氯化钙等化合物的剂量，而应当关注这些化合物中含有多少钙。补钙量要结合自身情况，过量摄取不仅可能会产生便秘、恶心、乏力等症状，而且还可能会增加肾结石的危险性。

三、补钙第三步：注重钙吸收

我们不仅要关注补钙产品中含钙量的高低，还要关注补钙的效果。钙的有效吸收，才是我们补钙的关键。人体对钙的吸收是一个很复杂的生理过程，以钙的溶解度为前提，同时也与机体的状态和补钙的时机密切相关。

1. 要想钙吸收，溶解是前提

常用钙补充剂特点对比见下表：

分类	无机钙制剂	有机钙制剂
化学成分	碳酸钙、氯化钙等	葡萄糖酸钙、乳酸钙、枸橼酸钙、醋酸钙等
优点	含钙量高、服用简单、价格便宜	水溶性好、溶解度高、对肠胃刺激小
缺点	溶解度差、难以吸收，吸收时需要消耗胃酸、长期服用可能会引起便秘、食欲缺乏、胃疼等	含钙量低，需大剂量才能达到补钙效果
适宜人群	胃肠功能正常的人群	老年人、儿童等胃肠功能较弱的人群及胃酸缺乏者

虽然钙吸收以溶解度为前提，但是钙的溶解度并不能代表吸收率。根据科学研究结果：在同样条件下，目前市场上的各种钙制剂的吸收率差别并不大，一般在20%～40%。一般来说，缺钙时要比不缺钙时对钙的吸收率高；年龄小时要比年龄大时对钙的吸收多；胃肠功能好时要比胃肠功能差时对钙的吸收好。而且，补钙时多喝水可以在一定程度上增加钙的溶解度，有利于对钙的吸收。

2. 生活习惯影响钙吸收

很多日常饮食、生活习惯都会影响钙的吸收，比如喝浓茶、咖啡，摄入高盐饮食会加速钙的排泄；谷物中的植酸、菠菜中的草酸都会造成钙的流失，影响钙的吸收。有些人习惯将牛奶与钙剂同服，其实这样不仅不会增加钙的总量，还会使牛奶中的某些物质形成絮状沉淀，影响钙的吸收。还有些人长期不进行户外活动，缺乏体育锻炼，体内维生素D合成减少，导致钙吸收减少，骨骼钙流失增加，出现骨质疏松。

3. 补钙时机影响钙吸收

一般情况下，建议饭后服用钙剂，因为随着食物的摄入，胃酸分泌增加，有利于钙剂的溶解。如果每日服用1次，在睡前服用较好，这样可以提供后半夜钙的需要量，减少夜间的骨钙流失。而且服用钙剂的方式也是有讲究的，最好将钙片嚼碎服用，更有利于钙的吸收，分次服用也要比单次服用的效果更好。

四、补钙第四步：关注配方和剂型

在选择补钙保健食品时，我们不仅要关注钙剂的含量和种类，同时也要注意配方的合理性，如是否搭配了钙剂的“完美搭档”维生素 D，因其可以有效地促进钙的吸收。维生素 D 是人体中不可或缺的维生素，它可以促进钙在肠道的吸收，协助钙质进入骨骼，构成健全的骨骼和牙齿。因此我们在选择钙剂时也应关注其是否搭配了维生素 D 以及维生素 D 的含量。

根据中国营养协会推荐，中国居民维生素 D 成人每日摄入量为 400IU（国际单位），也就是 10μg。值得注意的是，推荐摄入量并不是指我们需要通过保健食品摄入的剂量，而是包括皮肤合成及日常食物来源在内的维生素 D 摄入的总量。人体内的维生素 D 约 90% 是经过阳光照射皮肤生成的，约 10% 来源于食物，如果每天保证 1～2 小时的日晒时间，多食用乳制品、海产品等，基本可以满足正常成人人体需求，若不能保证则需要额外补充。因此，我们应结合自身的生活和饮食习惯，选用含有符合自己需求量的“钙 + 维生素 D”保健食品。

除此之外，在选择补钙保健食品时还可根据自己的需求选择合适的剂型和口味。婴儿建议选用清淡味道的溶液剂或颗粒剂；儿童更乐于接受牛奶、水果口味的咀嚼片或软糖；成人可以选择普通片剂或咀嚼片；老年人除了片剂外，也可考虑溶液剂或颗粒剂，更方便服用。

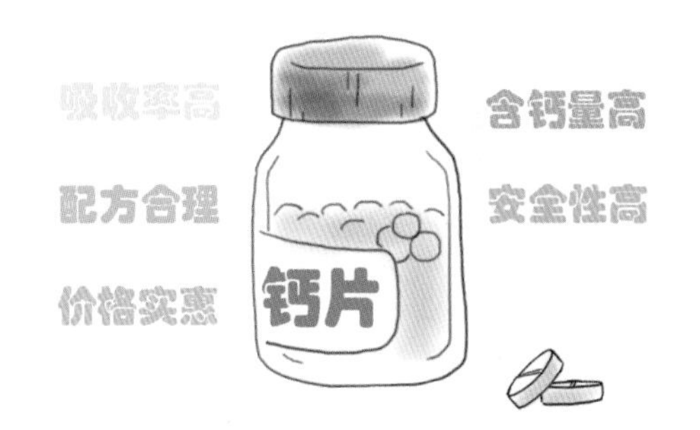

总结重点：补钙应选择含钙量高、吸收率高、配方合理、安全性高且价格实惠的钙补充剂。此外，值得注意的是，钙补充剂除有保健

食品外，也有药品。药品中钙制剂由于要保证疗效，其钙含量都是比较可靠的，也有钙与维生素 D 的组合产品；而保健食品中钙的含量就参差不齐，有高有低，那么我们在购买时就要注意其具体的含钙量。

√ 药品钙制剂质量控制优于保健食品，补钙时建议优先选择药品类的钙制剂，若无法接受其口味或剂型，可适当选择正规保健食品，但要注意钙含量。

√ 药品钙制剂为药字号（OTC 标识），保健食品为健字号（蓝帽子标识）。

√ 胃肠功能正常的人群，可以选用含钙量高的无机钙制剂如碳酸钙，其价格便宜、服用方便。

√ 对于儿童、老年人等胃肠功能较弱的人群宜选择有机钙制剂。

√ 糖尿病患者不宜选用葡萄糖酸钙。

√ 补钙的同时注意多晒太阳，足量补充维生素 D。

√ 注意补钙量，切勿贪多。

沈阳医学院附属第二医院：王达

2.7

孩子不爱吃饭，需要补锌吗？

“最近宝贝突然不爱喝奶了，奶量明显下降，适量添加锌，宝宝就会慢慢恢复”“孩子食欲不好、吃饭不香，是缺锌的表现”，家长们经常会在电视、网络上看到类似的关于给孩子补锌的广告。但饭菜不可口、食材单一、吃饭时干扰太多等，也可能导致孩子不爱吃饭，不能把孩子不爱吃饭的原因都推到缺锌上。在确定是否要给孩子补锌前，我们首先来了解一下锌元素到底有哪些生理功能吧。

一、锌的生理功能有哪些?

锌是人体必需的微量元素之一，主要储存在骨骼肌（约60%）和骨骼（约25%）中，血液中仅储存了人体内约0.1%的锌。锌可参与90多种酶的合成，与200多种酶的活性有关，其主要生理功能包括:

- 在蛋白质、脂肪、糖及核酸代谢中起重要作用。
- 促进生长发育。
- 提高机体免疫功能。
- 促进食欲，对皮肤和视力具有保护作用。

所以，体内储存足够的锌元素可以帮助孩子在身体发育、味觉、免疫功能等方面维持在正常水平。

二、如何判断孩子缺不缺锌?

1. 缺锌的表现

缺锌的典型表现包括食欲缺乏、生长发育迟缓、皮炎、反复感染、免疫功能低下、异食癖等。

2. 缺锌的常见原因

● **锌摄入不足** 主要包括：①母乳锌摄入不足；②膳食锌摄入不足，以植物性食物为主的饮食易导致缺锌；③早产儿对锌需求量增加，需额外补充。

● **锌吸收不良** 主要包括：①消化道功能障碍，如胰腺功能不全、炎症性肠病等影响肠道内锌的吸收；②膳食纤维、植酸可减少锌的吸收；③铜、钙、亚铁离子可抑制锌的吸收。

● **锌排泄过多** 如腹泻等导致肠道内锌的大量流失。

3. 如何判断孩子是否缺锌

临床上常用的测定指标是血浆 / 血清锌，但其对轻度锌缺乏的敏感性仍较低，影响检测结果的因素也较多，仅能作为参考。单凭检测结果来判断孩子是否缺锌并不靠谱，要想准确判断需同时结合临床表现、高危因素、实验室检查等多个方面来进行综合性的评价。因此在考虑孩子可能存在锌缺乏时，需咨询医生进行专业的判断。部分母婴店使用带有电极的小夹子夹在孩子的手或脚上，通过一些仪器来检测孩子是否缺锌是不可信的。

三、如何避免孩子缺锌？

1. 均衡饮食，预防缺锌最关键

避免孩子缺锌应优先选择通过日常饮食来补充锌元素，要均衡饮食，荤素合理搭配，避免偏食。锌的食物来源主要包括：红肉（牛肉、瘦猪肉、肝脏等）、海产品（如牡蛎，但不宜大量食用）、鱼类、禽类等。虽然谷类中也含有锌，但其植酸含量较高，植酸能与肠道内的锌结合，形成不溶性复合物，导致锌不能被消化或吸收。因此，在选择补锌食物时，应优先选择动物类食物，具体摄入量可参考《中国居民膳食营养素参考摄入量》中锌的推荐摄入量以及不同食物中的含锌量，见下表。

不同食物的含锌量

食物 /100g	含锌量 /mg
牡蛎	>100
畜禽肉、内脏、蛋类	2~5
鱼及其他海产品	1.5
豆类及谷类	1.5~2

锌的推荐摄入量及可耐受的最高摄入量

年龄	推荐摄入量 /(mg·d^{-1})		可耐受的最高摄入量 / (mg·d^{-1})
	男	女	
0~6 个月	2.0[a]	2.0[a]	—
7~12 个月	3.5	3.5	—
1~3 岁	4.0	4.0	8.0
4~6 岁	5.5	5.5	12.0
7~10 岁	7.0	7.0	19.0
11~13 岁	10.0	9.0	28.0
14~17 岁	12.0	8.5	35.0

注：[a] 指“适宜摄入量”。

2. 摄入不足，额外补充要谨慎

对于健康的孩子，只要饮食均衡，基本不会缺锌。但如果存在某些导致无法从食物中正常摄入锌元素的情况时，可选择锌补充剂适当补锌。需要额外进行补锌的孩子主要有：

- 长期腹泻的宝宝。
- 肠病性肢端皮炎患儿。
- 部分早产儿。
- 经过专业医生诊断为锌缺乏症的患儿。

虽然通过补充剂补锌一般是安全的，但过度补锌也是有风险的，如果锌元素补充过量可能会出现恶心、呕吐、腹泻等症状，还会影响钙、铁等元素的吸收。因此，要避免不必要的额外补锌。

四、选择锌补充剂，需要关注哪些方面?

市面上补锌的产品多种多样，有药品也有保健食品，有单独补锌的也有复合型的。孩子是否需要额外使用补锌制剂应由医生进行专业判断，无论是选择药品还是保健食品都应根据缺锌程度在医生的指导下进行，切勿盲目补锌。此外，根据“缺什么补什么”的原则，如果孩子仅仅缺锌，则选择单独的锌补充剂即可。锌补充剂一般分为三大类：无机锌、有机锌、生物锌。补锌保健食品大多选用的是吸收较好的有机锌（如葡萄糖酸锌、柠檬酸锌等）或生物锌，下面表格中列举了常用的锌补充剂供大家参考。

常用锌补充剂的比较

	含锌化合物	锌吸收利用率	副反应
无机锌	硫酸锌、氯化锌、硝酸锌等	低，约7%	胃肠道反应大
有机锌	葡萄糖酸锌、甘草锌、醋酸锌、柠檬酸锌、氨基酸锌、乳酸锌等	高，约14%	胃肠道反应小，但有一定副作用
生物锌	富锌酵母等	高，约30%	对人体刺激性小

注：引自《儿童锌缺乏症临床防治专家共识》(2020年)

在选择锌补充剂时，宜选用易溶于水、易于吸收、口感较好、价格实惠的。挑选锌补充剂时要关注以下几点：

√ 关注锌补充剂的类型及锌含量。

√ 关注剂型，小月龄宝宝宜选择口服液或滴剂；大宝宝可以选择咀嚼片或软胶囊。

√ 关注服用量，如某些口服液单次服用量较大，宝宝不易接受。

√ 关注添加剂，小月龄宝宝不宜选择含有香精、人工色素、防腐剂等食品添加剂的锌补充剂。

中国医科大学附属盛京医院：菅凌燕
沈阳医学院附属第二医院：宋方

2.8

吃蜂王浆能美容养颜吗?

很多人都会选购蜂产品来进行养生保健，其中蜂王浆更被大众认为是“理想的美容剂”，在各种广告宣传中，经常会被提到其具有美容养颜的功效。蜂王浆是蜜蜂巢中培育幼虫的青年工蜂咽头腺的分泌物，是供给将要变成蜂王的幼虫的食物，也是蜂王终生的食物。也就是说蜂王浆其实是蜂幼虫和成年蜂王的食物，那么它真的是“美容佳品”吗?

一、蜂王浆的美容原理是什么？

要了解蜂王浆的美容原理，我们首先需要了解蜂王浆的成分。蜂王浆的成分较为复杂，主要成分是水，一般含水量为 62.5%～70.0%，干物质占 30.0%～37.5%。与高含糖量的蜂蜜不同，蜂王浆干物质中蛋白质含量最多，占干物质的 36%～55%，其中包括多种对人体有益的酶类蛋白等。蜂王浆的一个特征性成分是短链羟基脂肪酸，其中 10- 羟基 -2- 癸烯酸是蜂王浆特有的不饱和脂肪酸，也叫王浆酸，是评价蜂王浆质量的重要指标。此外，蜂王浆中还含有人体必需氨基酸、多种维生素和矿物质等。

蜂王浆可起到“美容养颜”的作用，主要是因为其中含有多肽类生长因子，此类物质具有促进细胞代谢、分裂和再生的功能，可起到抗衰老的作用。其所含的酶类（如超氧化物歧化酶）、多种维生素（如维生素 A、维生素 B、维生素 C、维生素 E）等，也是起到美容作用的成分。然而蜂王浆中的这些营养成分也可以从其他食物中获取，因此切勿过度神化蜂王浆，想单纯依靠蜂王浆来达到美容养颜和抗衰老的目的是不可取的。

二、蜂王浆并非老少皆宜！

由于蜂王浆中含有激素、酶、异性蛋白以及乙酰胆碱等物质，并不是所有人都适合服用，不适宜服用蜂王浆的人群包括：

三、服用蜂王浆有哪些注意事项?

1. 保存条件需谨慎

蜂王浆对空气、水蒸气、光及热均敏感,若放置在常温下容易变质,-18℃可保存数年,-4℃可保存数月不变质。因此,蜂王浆宜低温、低湿、避光保存,若长时间暴露在光和空气中容易发生氧化及水解。

2. 服用时间要适宜

蜂王浆空腹服用较好,可减少胃酸对其含有的活性蛋白质和活性肽等成分的破坏。最佳服用时间为早餐前半个小时到一个小时,或者是在晚上入睡前半个小时。

3. 服用剂量要注意

日常保健推荐每日的服用量为3~5g。由于蜂王浆呈酸性,可能对胃稍有影响,如果服用后胃部感到不适,可酌情减少用量。

4. 服用方法要正确

√ **温水冲服:** 由于蜂王浆有怕光怕热的特性,所以最为忌讳开水冲服,服用时水温一般不超过50℃。

√ **舌下含服:** 可直接将蜂王浆放入舌下缓慢吞服。

√ **兑蜜服用:** 由于蜂王浆口感略涩,可以加入蜂蜜混匀服用,改善口感。

四、如何辨别蜂王浆的真假?

市面上销售的蜂王浆存在的质量问题主要包括水分含量超标、变质、掺假(如掺入牛奶、淀粉、滑石粉或乳制品等)。在选购蜂王浆时,要从色泽、状态、气味、味道等方面进行鉴别。参考国家市场监督管理总局网站,掌握下面“四招”即可正确辨别蜂王浆真假:

一看:优质新鲜的蜂王浆细嫩光滑、有光泽,表面呈乳白或淡黄色,无气泡。若色泽苍白或特别光亮,可能掺有牛奶、蜂蜜等;若色泽变深,有小气泡,可能由于贮存不当,发生变质;若稠度稀,说明其中水分多。

二闻:蜂王浆有特殊的醇、酸香气,但不应有发酵气味。若有发酵味、有气泡,表明已发酵变质;若有哈喇味,表明已酸败;若加入奶粉、玉米粉、麦乳精等，则有奶味或无味。

三揉：蜂王浆解冻后，用手蘸一点轻轻揉搓，细腻如雪花膏的品质属上乘，而不新鲜的往往会有颗粒物。

四尝：新鲜的蜂王浆应酸、涩，带辛辣味，回味略甜。若太甜或味道太冲，都说明质地不纯。

山西医科大学第二医院：张瑞琴、王思扬

一看

二闻

三揉

四尝

2.9

“心脏保护剂”辅酶 Q10，真有那么神吗？

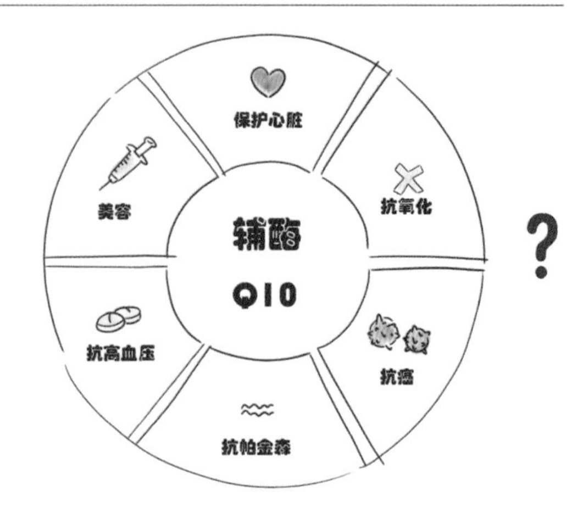

近几年，辅酶 Q10 被人们追捧为“神药”，它不仅是心脏的“保护神器”，还具有抗氧化、抗癌，治疗帕金森、高血压，甚至美容等作用，简直是无所不能。辅酶 Q10 是一种蒽环类化合物，又叫泛醌 10，为脂溶性物质，类似于维生素，在人体中广泛存在。人体中辅酶 Q10 的总含量为 500～1 500mg，主要参与有氧细胞呼吸，是线粒体能量代谢过程中非常重要的物质，维持着各种细胞的正常生理活动，所以在能量消耗较多的器官，如心脏、肝脏、肾脏中分布较多，其中在心脏中的浓度最高。辅酶 Q10 真有那么神吗？它的保健功能到底有哪些呢？

一、辅酶 Q10 大部分来源于人体自身合成

我们身体本身就可以合成辅酶 Q10，而且人体所需的 3/4 都是通过自身合成得到的，剩下 1/4 的辅酶 Q10 来自饮食。沙丁鱼、秋刀鱼、动物内脏、牛肉、猪肉、花生等食物中辅酶 Q10 的含量就比较高，蔬菜（菠菜、豌豆、西蓝花、花椰菜）、水果（橙子、草莓、苹果）、谷类（黑麦、小麦）食物等也富含辅酶 Q10。如 1 斤牛肉含有 18.5mg 辅酶 Q10；1 斤豌豆含有 1.67mg 辅酶 Q10。

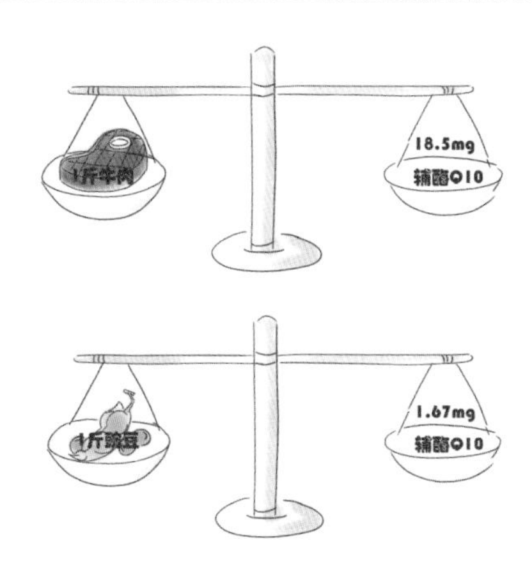

沙丁鱼、秋刀鱼
动物内脏
牛肉、猪肉
Q10
菠菜、西蓝花、花椰菜
橙子、草莓、苹果
豌豆、谷类食物

二、辅酶 Q10 的保健功能到底有哪些?

1. 增强免疫力、抗氧化。

对于辅酶 Q10 保健食品，国家卫生健康委、国家中医药管理局制定的《辅酶 Q10 等五种保健食品原料目录》明确规定了辅酶 Q10 的保健功能仅有增强免疫力、抗氧化。

2. 辅酶 Q10 是心脏保护剂? 有待研究。

国外对于辅酶 Q10 常见功能的表述包括保护心脏健康、辅助补充因他汀类药物造成的辅酶 Q10 的减少、抗氧化、缓解疲劳等作用。但正常人群通过补充辅酶 Q10 是否能够有效预防心血管疾病的发生有待研究。而且我们查阅药品辅酶 Q10 的适应证可以发现，它主要用于心血管疾病和肝炎的辅助治疗，也能够减轻癌症患者在放疗、化疗时引起的某些不良反应。需要强调的是，作为药品，辅酶 Q10 也只是作为辅助用药，并不是一线用药。换句话说，不是必须要用，有它也行，没有也可以。

3. 能美容？没有明确的证据支持。

皮肤老化的主要原因是氧化应激，虽然辅酶 Q10 能促进皮肤新陈代谢，减少氧化损伤，但是涂抹在皮肤上的吸收性却很差，所以在护肤品中添加辅酶 Q10 的效果并不明显。关于辅酶 Q10 是否有美白、祛斑等美容作用，目前也没有明确的证据支持。

另外，对于商家宣称的辅酶 Q10 能治疗高血压、预防癌症、治疗帕金森等方面的功效也尚不明确。

三、需要补充辅酶 Q10 的人群有哪些？

对于大部分普通人群来说，体内自身合成辅酶 Q10 的量足够大，日常饮食中也会有所补充，所以饮食均衡、不挑食、不偏食的人不会有辅酶 Q10 缺乏的问题，但以下人群可以适当补充辅酶 Q10。

1. 中老年人　人体内的辅酶 Q10 含量在 20 多岁时达到顶峰，40 岁以后急速减少。如果食用动物肝脏、红肉的量也逐渐减少，当难以从饮食上保证每日辅酶 Q10 的摄取量时，可适量补充。

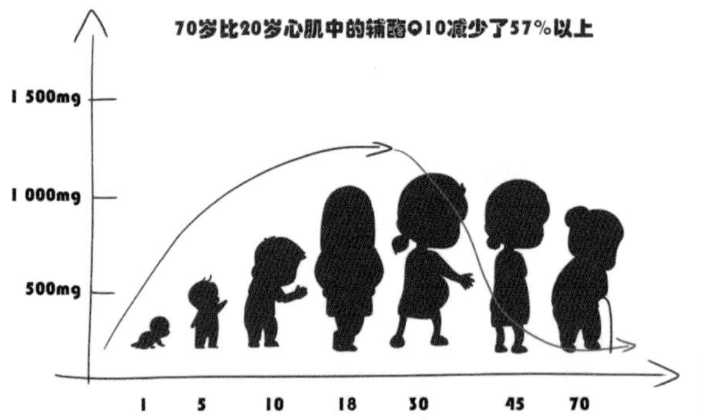

2. 运动量较大的人群　运动量较大的人群消耗大量能量的同时，也会消耗大量的辅酶 Q10，可能会导致辅酶 Q10 的短缺，可以适量补充。

3. 心血管疾病和肝炎患者　患有心血管疾病和肝炎的患者，可以用辅酶 Q10 作为辅助治疗。

4. 癌症患者　服用辅酶 Q10 能够减轻在放疗、化疗时引起的某些不良反应。

5. 服用他汀类药物的患者　对于服用他汀类药物（如阿托伐他汀、瑞舒伐他汀、匹伐他汀、辛伐他汀等）的患者，体内的辅酶 Q10 水平可能降低，通过日常饮食也不足以满足人体所需，可以考虑额外补充辅酶 Q10。

请注意：少年儿童、孕妇、乳母、过敏体质人群不宜服用辅酶 Q10。

四、辅酶 Q10 的推荐剂量是多少？

目前，辅酶 Q10 有药品也有保健食品，作为保健食品时，在世界各地推荐的服用量差异较大。

各地保健食品推荐用量

国家或地区	用量范围
美国	30～100mg/d
欧洲	100～300mg/d
中国	30～50mg/d

总体来说，辅酶 Q10 的安全性比较好，服用后较少出现不良反应，但每天大剂量摄入辅酶 Q10，也可能出现胃部不适、食欲减退、恶心、腹泻、心悸、皮疹等不良反应。

五、辅酶 Q10 既有药物也有保健食品，应该如何选择呢？

可以综合考虑以下几方面因素来进行选择：

1. 适宜性　首先要了解自己的健康营养需求，如果是已经患有心血管疾病、肝病等疾病的人群，应根据医生的建议服用药品治疗。如果是想通过服用辅酶 Q10 达到增强免疫力和抗氧化的保健功能，应选择适当剂量的辅酶 Q10 进行补充。

2. 质量保障　与保健食品相比，药品的注册审批、生产及经营标准更加严格，所以相同成分的辅酶 Q10，药品的质量标准更高，质量保障也更可靠。综合考虑各项因素后购买保健食品，应优先通过正规渠道购买，选择正规厂家生产的辅酶 Q10。

3. 经济性　对于保健食品来说，并不是越贵越好，在选择时，价格是否实惠也是一个重要的参考因素。

4. 便利性　在我国，辅酶 Q10 目前仍以医药领域应用为主，需要医生处方才可购买。我国辅酶 Q10 于 2021 年刚刚以保健食品原料进行备案，若仅以辅酶 Q10 作为保健补充用，应选择保健食品。

六、服用辅酶 Q10 的注意事项有哪些?

1. 辅酶 Q10 是脂溶性的，建议随餐服用或者餐后服用。

2. 如经济条件允许，可以选择利用率高的还原型辅酶 Q10。人体获得了辅酶 Q10 后，需要将它转化为还原型辅酶 Q10 才能被利用。而随着年龄增长，这种转化能力逐渐下降，所以，直接补充还原型辅酶 Q10，能比普通辅酶 Q10 利用率升高 2～4 倍。然而，相应的价格也相差很多，我们可以按照自身需要和性价比进行选择。

3. 与华法林等药物同用会发生相互作用。如果同时服用华法林等抗凝药物，辅酶 Q10 可能会造成华法林抗凝效果减弱，需要在医生指导下服用。

需要注意的是：辅酶 Q10 不可以替代药品对于疾病的治疗作用。切记，不能擅自停用医生开具的药品。

沈阳医学院附属第二医院：丛琳

2.10

叶黄素对保护眼睛有用吗?

目前，90% 以上的人群都被不同程度的眼部不适所困扰或者患有各类眼病，如眼干涩、眼疼痛、眼疲劳、眼酸胀、视力下降、白内障等。叶黄素是一种含氧类胡萝卜素，是人眼视网膜不可或缺的营养素，并且主要集中在人眼睛中视觉最敏锐的区域——视网膜黄斑部与晶状体，它可以说是眼睛的维生素，是主导视力的核心营养物质。但是，叶黄素却不能由人体自身合成，必须从食物中不断摄取、补充，一旦缺乏可能会导致眼睛的病变。大家都说叶黄素是“视黄金”，它真的可以保护眼睛吗？

一、叶黄素的作用是什么？

1. 防蓝光保护作用　太阳光中的紫外线及蓝光进入眼睛会产生大量自由基，从而导致白内障、黄斑变性等。一般来说，紫外线可以被眼角膜及晶状体过滤掉，但蓝光却可穿透眼球直达视网膜及黄斑，而黄斑中的叶黄素却能过滤掉蓝光，从这点上来说，叶黄素对眼睛有防蓝光的保护作用，也可阻挡细胞过度氧化导致的衰老、病变。

2. 保护视力　叶黄素作为抗氧化剂，可促进视网膜细胞中视紫质的再生成。视紫质是视网膜上所含的一种化学物质，遇光即分解，可刺激视神经末梢，由视神经把刺激传到大脑产生视觉，由此可见，视紫质对眼睛视觉的形成起着关键的作用。叶黄素既然可以保护眼睛，那么可不可以预防近视呢？叶黄素和近视可能有关系，但是额外补充叶黄素是否对近视的发生和发展有影响，目前还不太清楚。

3. 延缓老年性黄斑变性　黄斑区的脂肪外层特别容易受到太阳光的氧化伤害，所以这个区域极易发生变性。平时常吃富含叶黄素的食物后，血液中的叶黄素浓度会升高，而视网膜黄斑上的叶黄素也会增加，从而延缓老年性黄斑变性的发生和发展。

蓝光直接穿透视网膜
对黄斑造成氧化伤害

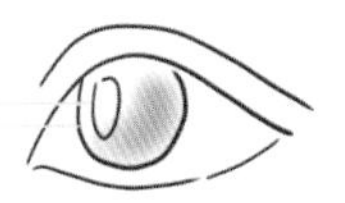

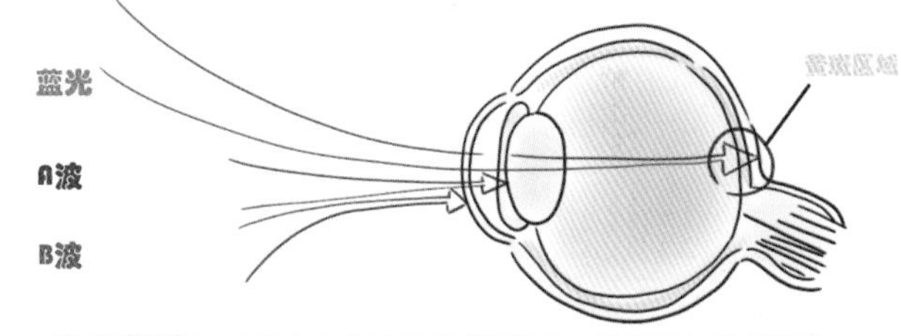

黄斑区域：叶黄素会在这里形成保护膜，让眼睛免受太阳光有害射线的侵袭！

二、应该如何补充叶黄素？

1. 首选食补　成人每天对叶黄素的需求量

是6～10mg，所以通过食补完全可以满足人体对叶黄素的需求。一般来说，叶黄素在深绿色、黄色、橙色的蔬菜中含量较高，尤其是深绿色的蔬菜，如菠菜、甘蓝等。有些水果中的叶黄素含量也很丰富，如芒果、葡萄、橙子、西红柿等。

2. 保健食品补充　如果因为挑食、过敏等原因导致饮食不均衡，尤其是深绿色蔬菜摄入不足的话，可以适当用保健食品补充叶黄素，但一定要注意用量。中国营养学会已经将叶黄素作为成人重要的膳食成分，《中国居民膳食营养素参考摄入量》中对叶黄素的摄入量建议值为每天10mg，可耐受的最高摄入量为每天40mg。

三、需要补充叶黄素的人群有哪些？

一般来说，在营养均衡的情况下，基本不用担心叶黄素缺乏，但现代人的工作学习压力巨大，再加上需要频繁使用电子产品，降低用眼频率几乎不可能。在这种情况下，一些患有眼病或经常用眼的人群可以适当补充叶黄素。

1. 学生　我国中学生近视率达 40%，高中生近视率高达 70%，大学及以上近视率更高，用眼过度、视力下降严重的学生可以适当补充叶黄素。

2. 上班族　由于长时间对着电脑，很多白领人士眼睛处于“亚健康”状态，应用叶黄素可能会缓解眼睛干涩、胀痛、视物模糊等症状。

3. 中老年人群　眼睛老化从 30 岁开始，大约在 40~50 岁眼睛就会出现老化现象。我国 79% 的老年人可能会患上白内障及其他眼科疾病，应用叶黄素可能会延缓眼睛老化。

4. 糖尿病患者　很多糖尿病患者都会有这样或那样的眼病，及时补充叶黄素可以保护眼睛。

小提示：建议在医生的指导下服用叶黄素，眼睛一旦出现不适请及时到医院就医。另外，多做户外运动，合理用眼，给眼睛做按摩等措施对保护眼睛健康也是必不可少的。

山西医科大学第二医院：张瑞琴、王思扬

2.11

纳豆激酶保护心脑血管是把“双刃剑”

1987 年日本富崎医科大学须见洋行等首先发现纳豆激酶，随之将提取出的纳豆激酶应用于狗血栓的治疗，证明其是一种有纤溶活性的酶制剂，并将其定名为纳豆激酶。近年来，纳豆激酶能够溶解血栓的功效得到了越来越多的研究证实，也因为我国心脑血管疾病患病率的升高，以及人们对纳豆激酶有关的健康知识的普及，越来越多的国人开始服用纳豆激酶的各类制剂如胶囊剂、压片糖果等。可纳豆激酶在溶解血栓的同时，也会增加出血风险，服用纳豆激酶来保护心脑血管是把“双刃剑”，我们应该如何合理使用呢？

一、服用纳豆激酶有哪些好处？

纳豆主要原产于日本，它是由黄豆通过纳豆菌（枯草杆菌）发酵制成的豆制品，除了保有黄豆的营养价值外，还提高了大豆蛋白的消化吸收率。作为世界第一长寿国日本的传统食品，纳豆中含有大量的纳豆菌、丰富的纳豆激酶等有益成分。纳豆激酶是在纳豆发酵过程中产生的一种丝氨酸蛋白酶，日本科学家在实验中研究证实，其具有溶解血栓的功能，除此之外，纳豆激酶还具有抗血小板、降血压及降血脂的功效。2014 年，国家食品药品监督管理总局将纳豆激酶列入保健产品的功能性成分，纳豆激酶保健食品是以纳豆激酶为主要成分的膳食补充剂。

二、哪些人不适宜吃纳豆激酶？

- 伤口未愈者：纳豆激酶有较强的抗凝血作用，手术后及伤口未愈者服用易造成伤口出血。
- 孕妇不推荐食用。
- 需要促凝药物治疗的患者。
- 皮肤、内脏器官出血、渗血者。
- 使用大剂量溶栓药物的患者。

皮肤、
内脏器官出血、
渗血者

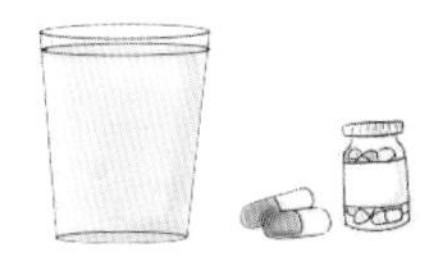

使用大剂量
溶栓药物的患者

三、纳豆激酶吃多少合适?

纳豆的营养素全面均衡，对于中老年人全面补充营养素比较有利，坚持长期食用，对于调节肠胃、降血脂、溶血栓可产生一定效果。但纳豆激酶为提纯物质，不可随意增加剂量，要严格按照剂量、禁忌及注意事项服用，若擅自加大剂量或存在禁忌服用纳豆激酶，可能会引起牙龈出血甚至大出血等不良反应。

医学营养专家建议纳豆激酶服用人群的基本用量如下：

1. 每日摄取量 2 000FU，是正常或亚健康人群预防心脑血管疾病的建议用量。

2. 每日摄取量 2 000～5 000FU，是心脑血管疾病患者的建议用量。

3. 每日摄取量 5 000～7 000FU，是心脑血管疾病重病患者的建议用量。

纳豆激酶在体内的作用时间可以维持 8～12 小时，每日 2 次服用，可作用全天。

四、服用纳豆激酶的注意事项有哪些?

1. 患有凝血相关疾病的患者，须先请教医生后方可食用。

2. 纳豆激酶属于功能性食品，不能替代药物。

3. 纳豆激酶不能加热食用。

4. 注意酶活性含量，这是衡量纳豆激酶产品品质的标准之一。国际上规定：纳豆激酶的含量单位为 FU/ 片、FU/mg、FU/g。产品包装上必须注明真实含量，如包装上未注明基础单位含量，购买时需谨慎。

首都医科大学附属北京朝阳医院：李鹏飞、张征

2.12

保护关节，需要吃氨基葡萄糖吗？

氨基葡萄糖是天然的氨基单糖，也是黏多糖的前体，而黏多糖是关节软骨的主要成分，所以氨基葡萄糖是促进软骨细胞形成的一种营养素，也是健康关节软骨的自然构成成分。市面上常见的氨糖软骨素就是由氨基葡萄糖（简称氨糖）和硫酸软骨素两种营养素共同构成的。运动导致的膝关节损伤，老年人出现的骨关节功能退化，关节磨损、疼痛等问题，是否需要补充氨基葡萄糖呢？

一、哪些人需要补充氨基葡萄糖？

我们人体自身是可以合成氨基葡萄糖的，每天可产生 4～20g，正常情况下不需要额外补充。但随着年龄的增长，机体合成氨基葡萄糖的能力也会逐渐下降。因此，老年人或经常运动的人可能会出现软骨磨损大于修复的情况，这时，就需要额外补充氨基葡萄糖来满足人体的正常所需。

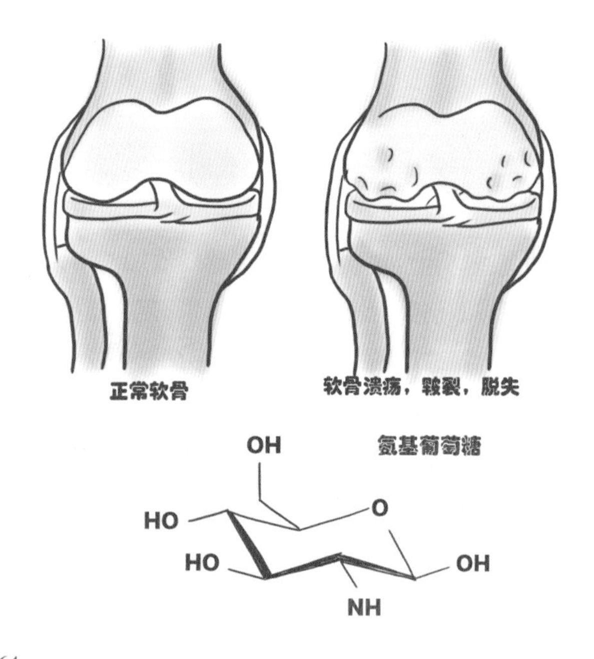

我们补充的外源性氨基葡萄糖一般是从甲壳类动物（如螃蟹、虾）的壳中提取的。目前市面上能够买到的氨基葡萄糖，有保健食品，也有药品。药品氨基葡萄糖有明确的适应证、用药剂量和用药疗程，用于治疗和预防全身各部位骨关节炎，缓解和消除骨关节炎的疼痛、肿胀等症状，改善关节活动功能。保健食品氨基葡萄糖则属于食品，有服用剂量要求，但无明确服用疗程，主要用于预防保健，能够增加骨密度，但不能治疗骨关节炎，属于营养补充剂。老年人或运动量较大者等人群需要补充氨基葡萄糖时，可以根据实际情况选择药品或保健食品；如果诊断为骨关节炎，建议使用药品进行治疗。

二、硫酸氨基葡萄糖与盐酸氨基葡萄糖有什么区别？

我们在市面上买到的氨基葡萄糖不管是药品还是保健食品都可分为盐酸氨基葡萄糖和硫酸氨基葡萄糖。由于硫酸氨基葡萄糖容易吸潮和氧化，所以一般与氯化钠或氯化钾形成复盐。与氯化钠形成复盐时，每1 000mg硫酸氨基葡萄糖中含有约20%的氯化钠，长期大量服用可能增加老年人高血压、缺血性心肌病、心力衰竭等风险。与氯化钾形成复盐时，每1 000mg硫酸氨基葡萄糖中含有25%的氯化钾，高钾血症患者是禁用的。盐酸氨基葡萄糖中氨基葡萄糖含量为85%，硫酸氨基葡萄糖中仅为65%，但硫酸氨基葡萄糖的生物利用度要大于盐酸氨基葡萄糖。对于有胃肠道疾病，或者担心胃肠道反应的人群可以选择硫酸氨基葡萄糖。

不管是硫酸氨基葡萄糖还是盐酸氨基葡萄糖，本质上是没有区别的，要依自己的情况来选择，它们的主要区别见下表。

	盐酸氨基葡萄糖	硫酸氨基葡萄糖
氨基葡萄糖含量	85%	65%
适应人群	伴有高血压、心力衰竭、缺血性心脏病的骨关节炎患者	有胃肠道疾病，或者担心胃肠道反应的患者
禁忌		高钾血症患者禁用

三、氨基葡萄糖不升高血糖

有些人一听到氨基葡萄糖这个名称，就联

想到了葡萄糖，认为糖尿病患者不能服用。其实，氨基葡萄糖不等于葡萄糖，它是葡萄糖的一个羟基被氨基取代所形成的，而且其在体内也并不会转化成葡萄糖，而是转化成二氧化碳、尿素和水。

而且盐酸或硫酸氨基葡萄糖的每日最大推荐摄入量是1.5g，即使转化成葡萄糖，也仅相当于一勺米饭的碳水化合物，不会使人体的血糖水平发生变化。所以，糖尿病患者是可以服用氨基葡萄糖的，当然，如果不放心的话，可以定时监测血糖的变化。

四、服用氨基葡萄糖的注意事项有哪些?

1. 建议进餐时或餐后服用，可以减少胃肠道不适。

2. 孕妇、哺乳期妇女以及18岁以下青少年禁用。

3. 严重肝、肾功能不全的患者，不建议使用。

4. 对甲壳类（如螃蟹、虾）海产品过敏的人要慎用。

5. 氨基葡萄糖的推荐摄入量是800～1 500mg/d，与同类营养素同时食用时，不宜超过最大推荐剂量1 500mg。

五、保护关节健康的小窍门

√ **不要长时间保持同一姿势。**比如长时间在电脑前工作、看手机或者玩游戏，一定要经常改变姿势，经常活动对关节好处多。

√ **做好热身运动。**无论任何运动都需要进行准备活动，以防运动过程中拉伤或扭伤。

√ **选择适合自己的运动方式。**如年龄较大或体重较大的人应尽量避免登山、跳绳等对膝关节冲击较大的运动，可以选择游泳、骑自行车、慢跑等对膝关节影响小的运动。

√ **避免关节受凉、受潮。**比如在空调房里可以多穿点衣服；在潮湿的环境里生活，注意开窗通风或者用除湿机让室内变得干燥。

小提示：一旦出现关节损伤或者关节疼痛等症状时，要先就医明确病因，不要擅自服用氨基葡萄糖药品或者保健食品，以免掩盖病情耽误治疗。

沈阳医学院附属第二医院：李坚

2.13

肝脏问题，“护肝片”也护不住

随着人们生活压力、工作压力的增加，熬夜、饮酒等不良生活方式都影响着肝脏的功能。肝脏是人体内最大的实质性腺体，其不仅是人体内各种物质代谢和加工的中枢，而且还具有生物转化和解毒等功能，一旦发生损害，对生命健康将造成极大的威胁。因此，让人极易产生“护肝、养肝”联想的“护肝片”就成为了加班熬夜人士的常备品，成为了一种被大众追捧的保健食品，但要注意的是靠护肝片来“护肝”并不可取。

一、保健食品护肝片的主要成分是什么?

保健食品护肝片的主要成分为菜蓟和水飞蓟。

菜蓟是菊科菜蓟属多年生草本植物，是一种营养丰富的保健蔬菜，又名菊蓟、朝鲜蓟、球蓟、洋百合、法国百合，原产于地中海沿岸，19 世纪由法国传入我国上海。菜蓟富含洋蓟酸、菊酚、天门冬酰胺等化合物，具有增强肝功能、预防动脉硬化等功能。

水飞蓟是菊科水飞蓟属草本植物，原产于南欧、北非，是一种欧洲民间草药，又名水飞雉、奶蓟等。其种子含有的一种新型黄酮类化合物水飞蓟素是其最具药用价值的部分，水飞蓟素的主要成分为水飞蓟宾，具有抗氧化、抗炎、保肝降酶、降脂等多种药理活性。从水飞蓟中提取的水飞蓟宾目前已作为保肝药在临床上应用，但其水溶性差、生物利用度低，抗肝炎机制迄今仍未完全明确。

二、肝脏出问题应及时就医，严格遵循医嘱用药

根据国家市场监督管理总局的相关规定，保健食品在宣传上不得涉及疾病预防、治疗的功能。护肝片作为保健食品，如果商家宣传其具有像药物一样的保肝功效其实是一种夸大宣传，护肝片保肝降酶的作用是非常有限的。切勿期望依靠保健食品来治疗疾病，有时服用保健食品不仅不能达到治疗的目的，还可能加重病情。

对于已经存在肝脏问题的人群，如因肥胖、饮酒、病毒感染等引发的肝脏问题，首先要及时就医，明确真正原因，进行对因治疗，并严格遵循医嘱服用药物。肝脏疾病有很多种，包括病毒性肝病、酒精性肝病、非酒精性脂肪性肝病、自身免疫性肝病、胆汁淤积性疾病、遗传代谢性肝病等，在对因治疗的同时，时常会用到保肝药物，临床上常见的保肝药物见下表。

药物类别	代表药物
抗炎类药物	复方甘草酸苷、甘草酸二铵、异甘草酸镁
肝细胞膜修复保护剂	多烯磷脂酰胆碱
解毒类药物	还原型谷胱甘肽、*N*- 乙酰半胱氨酸、硫普罗宁
抗氧化类药物	水飞蓟宾、双环醇
利胆类药物	熊去氧胆酸、腺苷蛋氨酸
促进能量代谢类药物	门冬氨酸钾镁、门冬氨酸鸟氨酸、复方二氯醋酸二异丙胺

注意：上表中介绍的药物为处方药，必须在医生的指导下使用，切勿擅自购药使用，以免引起药物不良反应或加重病情。

三、健康的肝脏不需要“护肝片”

市面上有许多宣称有“护肝”功效的保健食品，对于健康人群其实是没有必要购买并服用的。护肝片在健康人群中的效果及相应的不良反

应尚未得到证实，在没有任何不适的情况下服用，反而会对肝脏造成不必要的负担。因此，并不建议健康人群服用护肝片预防性地护肝。

四、想要护肝，养成良好习惯是关键

真正保护肝脏的方法在于去除伤肝的诱因，因此最好的护肝方式就是不要伤害它，养成良好的生活习惯才是关键。

√ **少饮酒，多运动。**我国酒文化历史悠久，内涵丰富，在人际交往中往往少不了酒。然而，酒精作为酒的主要成分具有较强的肝毒性，其在肝细胞内代谢产生的毒性产物是诱发酒精性肝损伤的关键因素之一。长期大量饮酒与肝癌的发生也有密切关系，因此要少饮酒，避免对肝脏的损害。此外，还要多运动，控制体重，避免脂肪肝的形成。

√ **规律作息。**现代人夜生活丰富，常常作息时间不规律，睡眠时间严重不足，经常熬夜也会对肝脏造成损害。中医认为，晚上 11 点至凌晨 3 点是经脉运行到肝胆的时间，若经常熬夜，睡眠不足，可导致身体抵抗力下降，会影响肝脏的夜间修复。因此，护肝要尽量做到早睡早起，保证充足的睡眠时间。

√ **均衡饮食。**要想护肝，饮食上也要注意。平时摄入过多的高脂肪、高热量食物，容易引起肥胖，进而引发脂肪肝，影响肝功能。因此饮食要均衡，荤素搭配要合理，多吃水果和蔬菜，合理、健康的饮食习惯可以帮助我们远离肝脏问题。

√ **调整心态。**中医认为，生闷气者易肝气郁结，易怒者则会肝气横逆、肝阳上亢，这些不良情绪都会伤肝。现代社会竞争压力大，人们常常会伴有一些负面情绪，要学会疏导不良的情绪，调整好心态，做一个积极乐观向上的人，这样才能把肝养好。

沈阳医学院附属第二医院：宋方

2.14

褪黑素真的可以帮助睡眠吗？

褪黑素是一种吲哚类激素，由人体大脑中的松果体分泌产生，能够影响和干预人类的许多神经活动，如睡眠、觉醒、情绪和智力等。国外多项研究表明，褪黑素能缩短睡前觉醒时间和入睡时间，减少睡眠中的觉醒次数，延长深睡眠时间，使次日早晨唤醒阈值下降，因此，褪黑素可以改善和提高睡眠质量。那么所有人都适合服用褪黑素类保健食品吗？有哪些注意事项呢？

一、影响褪黑素分泌的因素有哪些？

人体褪黑素分泌的多少是会发生变化的，很多因素会影响其分泌，例如：

- **昼夜变化：**在白天光线明亮时，褪黑素分泌量较少；在夜间黑暗时，褪黑素分泌量较多，是白天的 5～10 倍，可以诱导人体自然睡眠。夜间褪黑素水平的高低，直接影响睡眠的质量。
- **年龄：**随着年龄的增长，褪黑素的分泌水平会显著下降。

- **饮食：**长期摄入含咖啡因的食物或饮料，会使褪黑素的分泌减少。

- **其他：**剧烈运动、电磁场等也会影响褪黑素的分泌。

二、服用褪黑素的副作用有哪些？

近几年来，越来越多的消费者了解到褪黑素帮助睡眠的作用，并通过服用褪黑素来改善睡眠质量，但如果长期过量服用褪黑素，对人体会造成伤害。

- **影响生育：**有研究表明，褪黑素具有一定的抑制排卵作用，长期服用褪黑素会影响生育功能。

- **导致内分泌功能紊乱：**褪黑素不宜长期服用，尤其是自身褪黑素分泌正常的人，过量服用褪黑素会导致内分泌功能紊乱。

- **其他副作用：**滥用褪黑素可能会产生头晕、恶心等副作用。

三、哪些情况可以服用褪黑素？吃多少合适？

褪黑素虽然可以作为辅助睡眠的手段，但考虑到褪黑素的分泌规律与其副作用，它并不适用于所有失眠者。

1. 不推荐使用褪黑素的情况　如果是环境、饮食、情绪等因素导致的失眠，应先调整饮食起居，养成良好的生活习惯。如果是由抑郁、疼痛等疾病导致的失眠，应先治疗疾病。

2. 可以使用褪黑素的情况　如果是经常出差倒时差，或因年纪大了，褪黑素分泌减少导致的入睡困难，这时可以通过服用褪黑素产品来帮助睡眠。

3. 使用剂量　研究发现，0.1～0.3mg 的褪黑素就可促进睡眠，0.3～0.5mg 可调控昼夜节律时相。而市售褪黑素的剂量规格通常为2～40mg，比生理需求量高很多，服用过高的剂量不一定会提高帮助睡眠的效果，反而会增加嗜睡、头晕头痛等不良反应发生的风险。所以在选择褪黑素产品时，应尽量选择小剂量的褪黑素产品。

四、服用褪黑素的注意事项有哪些?

1. 从事驾驶、机械作业及其他危险工作者，不要在操作前或操作中服用。

2. 自身免疫性疾病（如类风湿等）及甲亢患者慎用。

3. 咖啡因及酒精可抵消褪黑素的作用，因此在服用褪黑素期间，应避免饮用含咖啡因和酒精的饮料，如咖啡、茶、可乐、含酒精饮料等。

4. 孕妇或哺乳期女性应慎用褪黑素。目前尚未证明褪黑素对孕妇和宝宝的安全性。

5. 儿童在除外一些经医生诊断存在特定睡眠问题的情况下，不推荐使用褪黑素。褪黑素的本质是一种激素，儿童额外补充褪黑素可能会产生白天困倦、头痛头晕等不良反应，并且可能会影响生长发育。

6. 正在服药期间的患者，在服用褪黑素前应咨询医生或药师，避免褪黑素与药物间发生相互作用，影响药效。

五、良好的生活习惯能够帮助睡眠

√ 养成每天按时睡觉的良好作息习惯。

√ 营造安静舒适的睡眠环境。

√ 睡前戒烟、酒、咖啡、茶以及含酒精、咖啡因的饮品。

√ 每天进行定量的户外活动。

√ 保持良好愉悦的心情。

沈阳医学院附属第二医院：廖美偲